税务公务员岗位学习每日一题丛书·2017

信息技术岗位

每日一题

《信息技术岗位每日一题》编写组　编

中国税务出版社

图书在版编目（CIP）数据

信息技术岗位每日一题/《信息技术岗位每日一题》编写
组编 . —— 北京：中国税务出版社，2017（2017.2重印）
（税务公务员岗位学习每日一题丛书 . 2017）
ISBN 978-7-5678-0498-2

Ⅰ . ①信… Ⅱ . ①信… Ⅲ . ①电子计算机 – 岗位培训
– 习题集 Ⅳ . ① TP3-44

中国版本图书馆 CIP 数据核字（2016）第 281465 号

丛 书 名：税务公务员岗位学习每日一题丛书·2017
书 名：信息技术岗位每日一题
作 者：《信息技术岗位每日一题》编写组 编
责任编辑：王静波 王忠丽
责任校对：于 玲
技术设计：刘冬珂
出版发行：中国税务出版社
　　　　　北京市丰台区广安路 9 号国投财富广场 1 号楼 11 层
　　　　　邮编：100055
　　　　　http://www.taxation.cn
　　　　　E-mail：swcb@taxation.cn
　　　　　发行中心电话：（010）83362083/86/89
　　　　　传真：（010）83362046/47/48/49
经 销：各地新华书店
印 刷：北京天宇星印刷厂
规 格：880 毫米 ×1230 毫米 1/32
印 张：6.5
字 数：133000 字
版 次：2017 年 1 月第 1 版 2017 年 2 月第 2 次印刷
书 号：ISBN 978-7-5678-0498-2
定 价：26.00 元

前　言

　　税收现代化的关键在于人才兴税战略。国家税务总局局长王军指出："人才问题事关税收事业长远发展，税务系统从全局和战略高度，始终把实施'人才强税'战略作为一项重大而紧迫的任务。"2016年以来，国家税务总局在全国税务系统深入开展"岗位大练兵、业务大比武"活动。这是对每一位税务公务员作出的提高专业能力、提升综合素质的要求。同时，当前在税务系统进行的数字人事工作中又将业务能力升级作为该制度框架结构中的"四个支柱"之一，由此税务干部自主参加业务能力测试、潜心钻研业务知识、不断提升履职能力的重要性可见一斑。鉴于此，我们以夯实基础、立足岗位，联系实际、学用结合为原则，编写了《税务公务员岗位学习每日一题丛书（2017）》（以下简称丛书）。丛书内容有如下设计：

　　一是尽可能收录了税务公务员应知应会的通用知识，包括《税收基础每日一题》《廉洁从税每日一题》《税务会计每日一题》。

二是借鉴数字人事"四个支柱"中对于"业务能力""领导胜任力"的要求，开发相应岗位图书，包括《行政管理岗位每日一题》《纳税服务岗位每日一题》《征管评估岗位每日一题》《税务稽查岗位每日一题》《信息技术岗位每日一题》《领导干部岗位每日一题》。

三是适应业务岗位细化的需要，着眼于提高具体业务岗位应用理论知识和法律法规解决实际问题的能力，开发《国际税收岗位每日一题》《收入规划核算岗位每日一题》《大企业税收管理岗位每日一题》。

丛书具有以下特点：

形式新颖，实用性强。丛书各册以月为单位编排题目，能够做到每个工作日均有一道自我测验题。

有的放矢，针对性强。丛书各册根据不同岗位的实际需求和税务干部需要掌握的基础知识和技能，针对学习中的难点而编写；同时，根据岗位和通用知识分册编题，对象明确，有较强的针对性。

内容全面，适用性强。丛书各册以相应岗位的基本知识与技能、制度规定为基础，以相关法律法规为指导，结合最新的税收政策和税务公务员日常学习需求编写，可作为在岗学习和自测参考之用。

网上服务，便于自测。为了帮助读者检验学习成果，中国税务出版社开发的"每日一题月末测试系统",向订购本丛书的读者免费赠送。读者可登录中国税务出版社网站(www.taxation.cn)获取。

我们虽力求全面,但限于篇幅,丛书各册内容终无法将实际工作中出现的所有问题囊括其中,敬希见谅。同时,我们期待着读者能够把在工作实践和学习活动中发现的题目反馈给我们,以充实"每日一题"的内容,共同打造全国税务系统"人人共享、持续可用"的学习平台——"每日一题"题库,为促进税收事业发展发挥积极作用。

编　者

2017 年 1 月

导　读

为方便读者使用本丛书，充分发挥"每日一题"学习模式的作用，现将本丛书的编排及使用方法说明如下：

1. 丛书各册以每月 22 个工作日为单元，每个工作日设置一题。编者未标具体日期，由读者在做题时自行填写，以便读者灵活掌握学习进度。题型有选择、判断、计算、辨析、简答、案例分析等。

2. 为丰富本丛书内容，丛书各册每页均设有"税收名词（中英文对照）"专栏。

3. 为便于读者自行检查学习效果，丛书各册均附有答案。

4. 读者可进行如下操作获取丛书增值服务：登录中国税务出版社网站（www.taxation.cn）进入"增值服务"版块，点击"《税务公务员岗位学习每日一题丛书（2017）》月末测试题"。

5. 读者对本丛书的意见和建议请通过电子邮件发至 ctpb@tom.com。

January

1月

2007

____月____日

1-1（单选题）　为什么说共享介质的以太网存在一定的安全隐患？（　　）

A. 一个冲突域内的所有主机都能够看到其他人发送的数据帧，即使目的 MAC 地址并非自己

B. 所有的用户都在同一网段

C. 一些拥有较高权限的用户可以查找到网段内的其他用户，获得敏感数据

D. 共享介质的以太网容易产生冲突问题，导致帧报文丢失

____月____日

1-2（单选题）　关于生成树协议的链路故障检测，以下说法错误的是（　　）。

A. 网络拓扑结构稳定后，指定端口会每隔 Hello Time 时间发送一个 BPDU 报文

B. 网络拓扑结构稳定后，网络中会不断传递 BPDU 报文

C. 当端口在一定时间内没有收到新的配置 BPDU，则其先前收到的配置 BPDU 就会超时，从而可以检测到链路发生故障

D. 发送端口每隔 Hello Time 发送一个配置 BPDU，如果链路发生故障，该配置消息就会发送不出去，从而发送端口能够检测到链路故障

____月____日

1-3（单选题）　以下关于生成树协议优缺点的描述不正确的是（　　）。

A. 生成树协议能够管理冗余链路

B. 生成树协议能够阻断冗余链路，防止环路的产生

C. 生成树协议能够防止网络临时失去连通性

D. 生成树协议能够使以太网交换机可以正常工作在存在物理环路的网络环境中

____月____日

1-4（单选题）　网络上运行 VRRP 之后，以下关于网络中 PC 机上配置默认网关的说法正确的是（　　）。

A. PC 机上只配置一个默认网关，默认网关的地址为 Master 的 IP 地址

B. PC 机上只配置一个默认网关，默认网关的地址为虚拟路由器的 IP 地址

C. PC 机上配置两个默认网关，分别是 Master 的 IP 地址和 Slave 的 IP 地址

D. PC 机上配置 3 个默认网关，分别是 Master 的 IP 地址、Slave 的 IP 地址和虚拟路由器的 IP 地址

_____月_____日

1-5（单选题） 以下关于 VRRP 通告消息的说法正确的是（　　）。

A. VRRP 有两种通告消息，一种由 Master 向外发送，另一种由 Slave 向外发送

B. VRRP 只有一种通告消息，由 Master 向外发送

C. VRRP 只有一种通告消息，由 Slave 向外发送

D. VRRP 有两种通告消息，一种在选举 Master 时使用，另一种在选举完成后的稳定状态下使用

_____月_____日

1-6（单选题） OSPF 协议用 Network-Summary-LSA 描述区域间路由信息，以下关于 Network-Summary-LSA 标识所描述网段的 IP 网络地址的说法正确的是（　　）。

A. Network-Summary-LSA 使用 LSA 头部中的 LinkState ID 字段标识所描述网段的 IP 网络地址

B. Network-Summary-LSA 使用 Network Address 字段标识所描述网段的 IP 网络地址

C. Network-Summary-LSA 使用 Link State ID 字段和 Network Mask 字段共同标识所描述网段的 IP 网络地址

D. Network-Summary-LSA 使用 Network Address 字段和 Network Mask 字段共同标识所描述网段的 IP 网络地址

_____月_____日

1-7（选择题）　在 OSI 参考模型中，网络层的功能主要是（　　）。（选择一项或多项）

A. 在信道上传输原始的比特流

B. 确保到达对方的各段信息正确无误

C. 确定数据包从源端到目的端如何选择路由

D. 加强物理层数据传输原始比特流的功能，并且进行流量调控

_____月_____日

1-8（选择题）　下面关于网络设备升级的说法，正确的是（　　）。（选择一项或多项）

A. 使用 Xmodem 升级可以达到与 FTP 一样的速度

B. 当使用 FTP 升级时，设备只能做 FTP 客户端

C. 在设备无法引导到命令行模式而需要对操作系统软件进行升级时，只能使用 Xmodem 方式

D. 在客户端和服务器之间不便于复杂交互的环境下，可以使用 TFTP 进行升级

_____月_____日

1-9（选择题） 在 ISO/OSI 参考模型中，同层对等实体间进行信息交换时必须遵守的规则称为（　　　），相邻层间进行信息交换时必须遵守的规则称为（　　　），相邻层间进行信息交换时使用的一组操作原语，称为（　　　）。（　　　）层的主要功能是提供端到端的信息传送，它利用（　　　）层提供的服务来完成此功能。

A. 接口　　　　B. 协议　　　　C. 服务　　　　D. 关系

E. 调用　　　　F. 连接　　　　G. 表示　　　　H. 数据链路

I. 网络　　　　J. 会话　　　　K. 运输　　　　L. 应用

_____月_____日

1-10（多选题） 在 OSPF 网络中，以下关于 Router ID 描述不正确的有（　　　）。

A. 在同一区域内 Router ID 必须相同，在不同区域内的 Router ID 可以不同

B. Router ID 必须是路由器某接口的 IP 地址

C. 必须手工配置指定 Router ID

D. OSPF 协议正常运行的前提条件是该路由器存在一个 Router ID

_____月____日

1-11（多选题） 关于 OSPF 协议中 DR（Designated Router）的产生，下列说法中正确的有（　　）。

A. DR 是系统管理员通过配置命令人工指定的

B. DR 是同一网段内的路由器通过一种算法选举出来的

C. 成为 DR 的路由器一定是网段内优先级（priority）最高且 Router ID 最大的

D. 可以通过配置命令使一台路由器不可能成为 DR

_____月____日

1-12（多选题） 在 OSPF 网络中，对于 Network LSA（Type = 2），下列描述正确的有（　　）。

A. Network LSA 是由 ABR 生成的

B. 只有连接广播网络和 NBMA 网络的路由器才可能产生 Network LSA

C. DR 通过 Network LSA 来描述本网段中所有已经同其建立了邻接关系的路由器

D. Network LSA 传递范围是其所属的整个自治系统

_____月_____日

1–13（多选题） 以下关于 IP 电信承载网承载业务需求说法正确的有（   ）。

A. 语音业务要求时延和时延抖动小、丢包率小

B. 数据业务对时延、抖动要求低，但要求差错率低

C. 视频业务要求高带宽、传输时延和时延抖动小

D. 信令和网管业务的带宽需求与业务流相比是很小的，延时要求比语音要求低，但差错率要求更高，归为高要求的数据业务

_____月_____日

1–14（选择题） 以下关于星型网络拓扑结构的描述错误的是（   ）。（选择一项或多项）

A. 星型拓扑易于维护

B. 在星型拓扑中，某条线路的故障不影响其他线路下的计算机通信

C. 星型拓扑具有很高的健壮性，不存在单点故障的问题

D. 由于星型拓扑结构的网络是共享总线带宽，当网络负载过重时会导致性能下降

_____月_____日

1-15（选择题）　以下关于电路交换和分组交换的描述正确的是（　　　）。（选择一项或多项）

A. 电路交换延迟小，传输实时性强

B. 电路交换网络资源利用率高

C. 分组交换延迟大，传输实时性差

D. 分组交换网络资源利用率低

_____月_____日

1-16（多选题）　OSI 参考模型具有以下哪些优点？（　　　）

A. OSI 参考模型提供了设备间的兼容性和标准接口，促进了标准化工作

B. OSI 参考模型是对发生在网络设备间的信息传输过程的一种理论化描述，并且定义了如何通过硬件和软件实现每一层功能

C. OSI 参考模型的一个重要特性是其采用了分层体系结构。分层设计方法可以将庞大而复杂的问题转化为若干较小且易于处理的问题

D. 以上说法均不正确

_____月_____日

1-17（判断题） RSTP 中，交换机初始化时，根优先级向量（Root Priority Vector）和交换机优先级向量（Bridge Priority Vector）相同。（　　）

_____月_____日

1-18（判断题） 两台运行 OSPF 协议的路由器 Hello 定时器的时间间隔不一致，经过自动协商后选择较小的值作为 Hello 定时器，建立邻接关系。（　　）

_____月_____日

· 1-19（判断题） PPP (Point-to-Point Protocol，点到点的协议）是一种在同步或异步线路上对数据包进行封装的数据链路协议，早期的家庭拨号上网主要采用 SLIP 协议，而现在更多使用的是 PPP 协议。（ ）

_____月_____日

1-20（判断题） 由于 TCP 为用户提供的是可靠的、面向连接的服务，因此该协议对于一些实时应用，如 IP 电话、视频会议等比较适合。（ ）

_____月_____日

1-21（判断题） ISO 划分网络层次的基本原则是：不同节点具有不同的层次，不同节点的相同层次有相同的功能。（   ）

_____月_____日

1-22（判断题） TCP/IP 是指传输控制协议／网际协议，因两个主要 TCP 协议和 IP 协议而得名，是国际互联网标准连接协议。（   ）

_____月_____日

2-1（单选题） 以下关于 MAC 地址的说法不正确的是（ ）。

A. MAC 地址的一部分字节是各个厂家从 IEEE 得来的

B. MAC 地址一共有 6 个字节，它们从出厂时就被固化在网卡中

C. MAC 地址也称作物理地址，或通常所说的计算机的硬件地址

D. 局域网中的计算机在判断所收到的广播帧是否为自己应该接收的方法是，判断帧的 MAC 地址是否与本机的硬件地址相同

_____月_____日

2-2（选择题） 广域网接口多种多样，下列对于广域网接口的描述正确的是（ ）。（选择一项或多项）

A. V.24 规程接口可以工作在同异步两种方式下，在异步方式下，链路层使用 PPP 封装

B. V.35 规程接口可以工作在同异步两种方式下，在异步方式下，链路层使用 PPP 封装

C. BRI/PRI 接口用于 ISDN 接入，默认的链路封装是 PPP

D. G.703 接口提供高速数据同步通信服务

_____月____日

2-3（单选题）　通信子网的虚电路操作方式和数据报操作方式与网络层提供的虚电路服务和数据报服务，在下列有关阐述中（　　　）不正确。

A. 虚电路提供了可靠的通信功能，能保证每个分组正确到达，且保持原来顺序，而数据报方式中，数据报不能保证数据分组按序到达，数据的丢失也不会被立即发现

B. 虚电路服务和数据报服务本质的差别在于是将顺序控制、差错控制和流量控制等通信功能交割通信子网完成，还是由端系统自己完成

C. 数据报方式中，网络节点要为每个分组做路由选择，如虚电路方式中，只要在链接建立时确定路由

D. 虚电路和数据报都提供了端到端的、可靠的数据传输

____月____日

2-4（选择题）　对于分组交换方式的理解，下列说法中正确的是（　　　）。（选择一项或多项）

A.　分组交换是一种基于直通转发（cut-through switching）的交换方式

B.　传输的信息被划分为一定长度的分组，以分组为单位进行转发

C.　分组交换包括基于帧的分组交换和基于信元的分组交换

D.　每个分组都载有接收方和发送方的地址标识，分组可以不需要任何操作而直接转发，从而提高了效率

____月____日

2-5（多选题）　作为一个网络维护人员，对于 OSPF 区域体系结构的原则必须有清楚的了解，下面的论述表达正确的有（　　　）。

A.　所有的 OSPF 区域必须通过域边界路由器与区域 0 相连，或采用 OSPF 虚链路

B.　所有区域间通信必须通过骨干区域 0，因此所有区域路由器必须包含到区域 0 的路由

C.　单个区域不能包含没有物理链路的两个区域边界路由器

D.　虚链路可以穿越 stub 区域

____月____日

2-6（选择题）　下面关于 H3C 网络设备升级的说法，正确的是（　　　　）。（选择一项或多项）

A. 使用 Xmodem 升级可以达到与 FTP 一样的速度

B. 当使用 FTP 升级时，设备可以作为 FTP 服务器端或客户端

C. 在设备无法引导到命令行模式而需要对操作系统软件进行升级时，可以使用 Xmodem 和 TFTP 方式

D. 在客户端和服务器之间不便于复杂交互的环境下，可以使用 TFTP 进行升级

____月____日

2-7（多选题）　BAS（宽带接入服务器）作为宽带城域网的汇聚层设备，其基本功能为（　　　　）。

A. 用户端口的会聚：以高端口密度接入大量用户，将所有用户数据复用在有限的端口带宽上传送给网络核心层设备，同时对所有用户的逻辑连接进行终结

B. 用户管理：用户接入管理、用户认证管理、用户地址分配和管理、用户计费管理、安全性保障管理

C. 路由转发功能

D. 域名解析功能

_____月_____日

2-8（多选题） 互联网文件传送服务 PORT 连接模式中的数据传输端口是用来建立数据传输通道的，其主要作用有（ ）。

A. 从客户向服务器发送一个文件

B. 从服务器向客户发送一个文件

C. 从服务器向客户发送目录列表

D. 从客户向服务器发送目录列表

_____月_____日

2-9（判断题） 在共享地址情况下，局域网的服务器通过高速调制解调器和电话线路，或者通过专线与互联网的主机相连，仅服务器需要一个 IP 地址，局域网上的计算机访问互联网时共享服务器的 IP 地址。（ ）

_____月_____日

2-10（判断题）　以太网接口的网线有直连网线和交叉网线，在缺省状态下，交换机的一个以太网端口和路由器的以太网端口相连，需要选择交叉网线。（　　　）

_____月_____日

2-11（判断题）　如果一个主机连接在一个小网络上，而这个网络只用一个路由器和互联网连接，那么在这种情况下使用默认路由是非常合适的。（　　　）

_____月_____日

2-12（判断题）　CIDR 消除了传统的 A 类、B 类和 C 类地址以及划分子网的概念，因而可以更加有效地分配 IPv4 的地址空间。（　　）

_____月_____日

2-13（多选题）　组建高清视频会议系统需要哪些要素？（　　）

A. 高清的编解码器

B. 高清的 MCU

C. 高清的镜头

D. 高清的显示输出设备

E. 1M 以上的网络带宽

_____月_____日

2-14（单选题） 机房内部气流走向是否科学，是关系到空调制冷系统能否有效运转的关键，下列说法正确的是（　　　　）。

A. 机柜间距小于 80 厘米

B. 采用下送风、上回风、冷热通道分离

C. 地板下布线槽

D. 机柜摆放采取"面对背"

_____月_____日

2-15（单选题） 机房起火最好用哪种灭火器？（　　　）

A. 干粉灭火器

B. 二氧化碳灭火器

C. 1211 灭火器

D. 水

_____月_____日

2-16（单选题） UPS是解决公共电网对敏感用电负荷（　　　）问题的装置。

A. 电压波动

B. 供电短时间中断

C. 频率波动

D. 以上皆是

_____月_____日

2-17（单选题） 机房的耐火等级不应低于（　　　）。

A. 一级

B. 二级

C. 三级

D. 四级

_____月_____日

2-18（多选题）　不间断电源（UPS）按照输入输出方式可分为哪几类？（　　　）

A. 单相输入，单相输出

B. 三相输入，单相输出

C. 三相输入，三相输出

D. 在线式 UPS

_____月_____日

2-19（多选题）　防止人身电击的技术措施包括（　　　）。

A. 绝缘和屏护措施

B. 在容易电击的场合采用安全电压

C. 电气设备进行安全接地

D. 采用计算机保护

_____月_____日

2-20（单选题） 下面关于视频会议电视终端9039S说法不正确的是（   ）。

A. 会议电视终端支持IP、E1、4E1以及3G网络接入

B. 发送的辅流只能是计算机桌面，不能是活动的图像

C. 终端支持媒体和信令加密

D. 1个会议最多支持24组多画面，会场可观看不同的多画面。

E. MCU可以控制各路声音的关闭状态，需要发言的终端，可以设置为不静音。终端开启画中画或模拟双显功能后，可在一个显示设备中同时显示本地和远端图像

_____月_____日

2-21（判断题）　MCU 可以控制各路声音的关闭状态，需要发言的终端，可以设置为不静音。（　　）

_____月_____日

2-22（判断题） 视频会议终端开启画中画或模拟双显功能后，可在一个显示设备中同时显示本地和远端图像。（　　）

3月 March

_____月_____日

3-1（单选题）　由 6 块 500GB 组成的 RAID 5，最大容量大概为（　　　）。

A. 3TB

B. 2.5TB

C. 2TB

D. 1.5TB

_____月_____日

3-2（单选题）　在 AIX 系统中，使用（　　　）命令可以查看系统中安装的软件包的版本。

A. oslevel

B. installp

C. lppchk

D. lslpp

_____月_____日

3-3（单选题） 磁盘阵列中映射给主机使用的通用存储空间单元被称为（   ），它是在 RAID 的基础上创建的逻辑空间。

A. LUN

B. RAID

C. 硬盘

D. 磁盘阵列

_____月_____日

3-4（单选题） SAN 是一种（   ）。

A. 存储设备

B. 专为数据存储设计和构建的网络

C. 光纤交换机

D. HBA

_____月____日

3-5（单选题）　下列 RAID 技术中可以允许两块硬盘同时出现故障而仍然保证数据有效的是（　　　）。

A. RAID 1

B. RAID 3

C. RAID 5

D. RAID 6

_____月____日

3-6（多选题）　主机系统高可用技术包括以下哪些工作模式？（　　　）

A. 双机热备份方式

B. 双机互备方式

C. 多处理器协同方式

D. 群集并发存取方式

_____月_____日

3-7（单选题） 对于 E-mail 或者是 database 应用，以下哪项 RAID 级别是不被推荐的？（   ）

A. RAID 10

B. RAID 6

C. RAID 5

D. RAID 0

_____月_____日

3-8（单选题） 哪类存储系统有自己的文件系统？（   ）

A. DAS

B. NAS

C. SAN

D. IP SAN

_____月_____日

3-9（单选题） IBM P780 小型机选用了哪种 CPU 芯片？
（   ）

A. 安腾 8870

B. 安腾 8960

C. Power7

D. Power8

_____月_____日

3-10（单选题） 用于表示灾难发生后恢复系统运行所需要
的时间指标是（   ）。

A. RIO

B. RTO

C. RPO

D. TCO

_____月_____日

3-11（单选题）　光纤 HBA 卡通过（　　　）来唯一标示。

A. MAC 地址

B. IP 地址

C. WWN 号

D. DEV ID

_____月_____日

3-12（单选题）　以下哪项不是存储阵列控制器 active-active 工作模式的特点？（　　　）

A. 两个控制器可并行处理来自应用服务器的 IO 请求

B. 某个控制器出现故障，另一个控制器将及时接管其工作，不影响现有任务

C. 主控制器用于处理应用服务器的 IO 请求，而另一个控制器处于空闲状态

D. 具有均衡业务负载，充分利用资源、提升系统性能等诸多优点

____月____日

3-13（单选题） 下面哪项描述是错误的？（　　　）

A. 同一个卷组的不同 PV 的 PP 大小必须要一致

B. 不同卷组的 PP 大小可以不一样

C. 一个 VG 只能包含一个物理硬盘

D. 一个硬盘 (hdisk) 只能属于一个 VG

____月____日

3-14（单选题） 存储环境搭建完成后，对应以下 5 个操作，其上电顺序正确的是（　　　）。

①接通硬盘框电源；②接通控制框电源；③接通机柜电源；

④接通交换机电源；⑤接通应用服务器电源

A. ③—②—①—④—⑤

B. ③—④—①—②—⑤

C. ②—③—①—⑤—④

D. ⑤—③—①—②—④

_____月_____日

3-15（单选题）　以下哪项不是 SAN 与 NAS 的差异？

A. NAS 设备拥有自己的文件系统，而 SAN 没有

B. NAS 适合于文件传输与存储，而 SAN 对于块数据的传输和存储效率更高

C. SAN 可以扩展存储空间，而 NAS 不能

D. SAN 是一种网络架构，而 NAS 是一个专用型的文件存储服务器

_____月_____日

3-16（单选题）　HPUX 系统下有两个用户卷组：vg01 和 vg02，执行如下命令 vgexport –v –s –p –m /tmp/vg01.map /dev/vg01 和 vgexport –v –s –m /tmp/vg02.map /dev/vg02 后，在执行 vgdisplay 能够查看到哪个卷组？（　　　　）

A. vg01

B. vg02

C. vg01,vg02

D. 空

_____月_____日

3-17（单选题） 目前哪种硬盘接口传输速率最快？（   ）

A. SAS

B. FC

C. SATA

D. IDE

_____月_____日

3-18（单选题） 下列关于文件系统的说法，正确的是（   ）。

A. Windows 系统上的 NTFS 格式的文件，可以在 AIX、Solaris、Linux 等操作系统自由使用

B. 文件系统直接关系到整个系统的效率，只有文件系统和存储系统的参数互相匹配，整个系统才能发挥最高的性能

C. 文件系统是软件，存储是硬件，两者没有任何关系

D. 不同的操作系统缺省都采用相同的文件系统

_____月_____日

3-19（多选题） NAS 的常用连接协议包括（   ）。

A. NFS

B. CIFS

C. TCP

D. IP

_____月_____日

3-20（单选题） AIX 中查看本机网卡 IP 地址信息的命令是

（   ）。

A. netstat −in

B. lscfg −vpl ent0

C. netstat −rn

D. ipconfig

_____月_____日

3-21（单选题） 弹性内存技术是以下哪款处理器支持的特性？（　　）

A. IntelXeon E5

B. IntelXeon E7

C. IntelXeon E3

D. E5 和 E7

_____月_____日

3-22（单选题） 服务器开机后，系统将完成开机检测，首先检测的是（　　）。

A. 中央处理器

B. 高速缓存

C. 内存

D. I/O 设备

_____月_____日

4-1（多选题）　目前比较公认的权威定义中，云计算的主要服务形式有（　　　）。

A. SaaS(Software as a Service)

B. PaaS(Platform as a Service)

C. DaaS(Desktop as a Service)

D. IaaS(Infrastructure as a Service)

_____月_____日

4-2（多选题）　云计算(Cloud Computing)技术的发展，与哪些技术相关？（　　　）

A. 分布式计算（Distributed Computing）

B. 内存计算（In-Memory Computing）

C. 并行处理（Parallel Computing）

D. 网格计算（Grid Computing）

_____月_____日

4-3（多选题）　云计算系统运用了许多技术，云计算平台管理技术关键的有（　　　）。

A. 编程模型

B. 数据管理技术

C. 数据存储技术

D. 虚拟化技术

_____月_____日

4-4（单选题）　虚拟化技术可实现软件应用与底层硬件相隔离，下列关于虚拟化说法正确的是（　　　）。

A. 虚拟化技术只能支持单个资源划分成多个虚拟资源的裂分模式

B. 虚拟化技术根据对象可分成存储虚拟化、计算虚拟化、网络虚拟化等

C. 计算虚拟化分为系统级虚拟化、应用级虚拟化和桌面虚拟化

D. 计算虚拟化分为物理虚拟化、逻辑虚拟化

____月____日

4-5（单选题） MapReduce 属于云技术关键技术中的
（　　）。

A. 数据存储技术

B. 数据管理技术

C. 编程模型

D. 虚拟化技术

____月____日

4-6（单选题）　下面关于 IaaS 技术的描述，其中不正确的是
（　　）。

A. IaaS 将内存、I/O 设备、存储和计算能力整合成一个虚拟
的资源池

B. IaaS 通常分为公有云、私有云

C. IaaS 是一种托管型硬件方式，用户付费使用厂商的硬件设
施

D. Amazon Web 服务 (AWS) 是将基础设施作为服务出租，是
一种 IaaS 服务

_____月_____日

4-7（单选题）　虚拟化资源指一些可以实现一定操作具有一定功能但其本身是（　　）的资源，如计算池、存储池和网络池、数据库资源等通过软件技术来实现相关的虚拟化功能，包括虚拟环境、虚拟系统、虚拟平台。

A. 虚拟

B. 真实

C. 物理

D. 实体

_____月_____日

4-8（单选题）　下面关于虚拟化技术的描述，其中不正确的是（　　）。

A. 云计算技术就是虚拟化技术

B. 虚拟化在计算机方面通常是指计算元件在虚拟的基础上而不是真实的基础上运行

C. 虚拟化就是资源的抽象化，也就是单一物理资源的多个逻辑表示，或者多个物理资源的单一逻辑表示

D. 服务器虚拟化是多个物理资源的单一逻辑表示

_____月_____日

4-9（单选题） 下面技术中属于虚拟化技术的是（　　）。

A. KVM

B. XEN

C. Hyper-Threading

D. VMVare

_____月_____日

4-10（单选题） 下面关于云技术和大数据关系描述不正确的是（　　）。

A. 大数据依靠云计算技术来进行存储和计算

B. 云计算的分布式处理软件平台可用于大数据集中处理阶段

C. 大数据是一个平台，是云计算技术的载体

D. 云计算可以提供按需扩展的计算和存储资源，可用来过滤无用数据

____月____日

4-11（单选题） 下面关于容器与虚拟化技术的关系描述不正确的是（　　）。

A. 创建容器的速度比虚拟机要快得多

B. 容器和虚拟机都具有高度可移植性

C. 容器与虚拟化技术不能同时使用

D. 容器是一种轻量级的虚拟化技术

____月____日

4-12（单选题） 关于OpenStack技术描述不正确的是（　　）。

A. OpenStack是一种典型的云计算IaaS层的具体实现工具

B. OpenStack是一个开源的云计算管理平台项目，由几个主要的组件组合起来完成具体工作，其主要组件必须同时部署使用

C. OpenStack已经成为IaaS技术的事实上的标准

D. OpenStack可以覆盖网络、虚拟化、操作系统、服务器等各个方面

_____月___日

4-13（多选题） 云计算是一种基于网络获取计算资源的新型服务模式，以下属于云计算特征的有（   ）。

A. 网络访问

B. 极高的单点可靠性

C. 按使用计量和付费

D. 资源虚拟化和共享

E. 快速供应和扩展性

F. 按需自助服务

_____月___日

4-14（单选题） 针对云计算的表现形态，以下说法错误的是（   ）。

A. 公有云通常指第三方提供商为用户提供的能够使用的云，公有云的核心属性是共享资源服务

B. 私有云是为一个客户单独使用而构建的，因而提供对数据、安全性和服务质量的最有效控制。私有云的核心属性是专有资源

C. 混合云是传统架构和云计算架构混合部署的环境，通常为了保护用户投资而设计

D. 行业云就是由行业内或某个区域内起主导作用或者掌握关键资源的组织建立和维护，以公开或者半公开的方式，向行业内部或相关组织和公众提供有偿或无偿服务的云平台

_____月_____日

4-15（多选题）　在中共中央办公厅、国务院办公厅印发的《国家信息化发展战略纲要》中，提出"参与国际规则制定。积极参与国际网络空间安全规则制定。巩固和发展区域标准化合作机制，积极争取国际标准化组织重要职位。在移动通信、下一代互联网、下一代广播电视网、云计算、大数据、物联网、智能制造、智慧城市、网络安全等关键技术和重要领域，积极参与国际标准制定。鼓励企业、科研机构、社会组织和个人积极融入国际开源社区"。开源技术是国家未来鼓励和重点发展的核心技术，请问以下哪些技术是开源技术？（　　　　）

A.　AIX

B.　Linux

C.　Android（安卓）

D.　IOS

E.　KVM

F.　VMWare

G.　FusionSphere

H.　Ceph

_____月_____日

4-16（多选题） 在《国务院关于印发"十三五"国家科技创新规划的通知》（国发〔2016〕43号）中指出："开展云计算核心基础软件、软件定义的云系统管理平台、新一代虚拟化等云计算核心技术和设备的研制以及云开源社区的建设，构建完备的云计算生态和技术体系，支撑云计算成为新一代ICT（信息通信技术）的基础设施，推动云计算与大数据、移动互联网深度耦合互动发展。"中国企业积极参与云开源社区的建设有利于中国核心基础软件的发展，请问以下哪些技术是开源云计算技术？（   ）

A. 阿里云

B. QingCloud

C. OpenStack

D. CloudStack

E. VCloud

_____月_____日

4-17（多选题）　关于 OpenStack 开源云计算技术，以下说法正确的有（　　）。

A．OpenStack 社区成立于 2010 年

B．OpenStack 技术现在是全球活跃度最高的开源云计算技术

C．OpenStack 技术拥有来自全球 170 多个国家的 500 多家企业会员参与

D．目前有超过 10 家中国企业参与 OpenStack 开源云社区代码贡献

E．OpenStack 社区是全球第一大开源社区

_____月_____日

4-18（判断题） 云计算架构是一种面向互联网的架构，采用云计算架构以后，以前的所有应用都必须重写。（　　）

_____月_____日

4-19（判断题） 云计算架构是一种分布式架构，采用虚拟化环境，只能用于 WEB 层和应用层，无法支持数据库的部署。（　　）

_____月_____日

4-20（判断题） 开源云技术缺乏严格的测试和有效的技术保障，难以用于核心生产系统，支持海量并发的大规模商业环境。（   ）

_____月_____日

4-21（判断题） 云计算平台应该适应用户的各种实际情况，允许接入各种类型计算、存储、网络设备，包括以前已经采购的各种设备，而不应该限制接入的设备类型、技术和品牌。（   ）

_____月_____日

4-22（判断题） 采用云计算技术以后，未来将主要采用虚拟机技术进行虚拟化，物理机和容器技术很难被云计算平台管理，物理机、虚拟机和容器也很难共存，业务上无法互通。（   ）

5 月 *May*

_____月_____日

5-1（单选题） Java语言具有许多特点，下列选项中哪项反映了Java程序并行机制的特点？（　　）

A. 安全性

B. 多线程

C. 跨平台

D. 可移植

_____月_____日

5-2（单选题） MVC是模型–视图–控制器架构模式的缩写，以下关于MVC的叙述中，不正确的是（　　）。

A. 视图是用户看到并与之交互的界面

B. 模型表示企业数据和业务规则

C. 使用MVC的目的是将M和V的代码分离，从而使同一个程序可以使用不同的表现形式

D. MVC强制性地使应用程序的输入、处理和输出紧密结合

___月___日

5-3（多选题） 软件架构是软件开发过程中的一项重要工作，属于软件架构设计主要工作内容的有（　　　）。

A. 制定技术规格说明

B. 编写需求规格说明书

C. 技术选型

D. 系统分解

___月___日

5-4（单选题） 以下哪项不属于面向对象的三要素？（　　　）

A. 聚合

B. 封装

C. 继承

D. 多态

_____月_____日

5-5（单选题） 采用面向对象方法开发软件的过程中，抽取和整理用户需求并建立问题域精确模型的过程叫（　　）。

A. 面向对象测试

B. 面向对象实现

C. 面向对象设计

D. 面向对象分析

_____月_____日

5-6（单选题） 下列程序段执行后

int t1=5,t2=6,t3=7,t4,t5;

t4=t1<t2 ?　t1:t2;

t5=t4<t3 ?　t4:t3;

则 t5 的结果是（　　）。

A. 7

B. 5

C. 6

D. 1

aggregate approach——合并方法

_____月_____日

5-7（单选题） 面向对象分析与设计技术中，（   ）是类的一个实例。

A. 对象

B. 接口

C. 构件

D. 设计模式

_____月_____日

5-8（单选题） 在下列技术中，（   ）提供了可靠消息传输、服务接入、协议转换、数据格式转换、基于内容的路由器等功能，能够满足大型异构企业环境的集成要求。

A. ESB

B. RUP

C. EJB

D. PERT

_____月_____日

5-9（单选题） 用于显示运行的处理节点以及居于其上的构件、进程和对象的配置的图是（   ）。

A. 用例图

B. 部署图

C. 类图

D. 构件图

_____月_____日

5-10（单选题） 关于Web Service技术描述正确的是（   ）。

A. 将不同语言编写的程序进行集成

B. 支持软件代码重用，但不支持数据重用

C. 集成各种应用中的功能，为用户提供统一界面

D. 支持HTTP协议，不支持XML协议

_____月_____日

5-11（单选题） B/S结构编程语言分为浏览器端编程语言和（　　　）编程语言。

A. PC端

B. 工作站端

C. 控制器端

D. 服务器端

_____月_____日

5-12（单选题） UML中，（　　　）是对系统提供功能的描述。

A. 用例图

B. 对象

C. 行为图

D. 实现图

_____月_____日

5-13（单选题） 基线可作为软件生存期中各开发阶段的一个检查点。当采用的基线发生错误时，可以返回到最近和最恰当的（ ）上。

A. 配置项

B. 程序

C. 基线

D. 过程

_____月_____日

5-14（单选题） 一个栈的入栈序列是 A,B,C,D,E，则栈的不可能的输出序列是（ ）。

A. EDCBA

B. DECBA

C. DCEAB

D. ABCDE

_____月_____日

5-15（单选题） 内存按字节编址从 A5000H 到 DCFFFH 的
区域其存储容量为（ ）。

A. 123KB

B. 180KB

C. 223KB

D. 224KB

_____月_____日

5-16（单选题） 在软件开发过程中，系统测试阶段的测试
目标来自于（ ）阶段。

A. 需求分析

B. 概要设计

C. 详细设计

D. 软件实现

＿＿月＿＿日

5-17（单选题） 以下关于软件维护和可维护性的叙述中，不正确的是（ ）。

A. 软件维护要解决软件产品交付用户之后运行中发生的各种问题

B. 软件的维护期通常比开发期长得多，其投入也大得多

C. 进行质量保证审查可以提高软件产品的可维护性

D. 提高可维护性是在软件维护阶段考虑的问题

＿＿月＿＿日

5-18（多选题） 类（ ）之间存在着一般和特殊的关系。

A. 汽车与火车

B. 交通工具与高铁列车

C. 火车与蒸汽火车

D. 高铁列车与电动汽车

_____月_____日

5-19（多选题） UML 图中，一张交互图显示一个交互。由一组对象及其之间的关系组成，包含它们之间可能传递的消息。（   ）不是交互图。

A. 顺序图

B. 对象图

C. 类图

D. 协作图

_____月_____日

5-20（单选题） 在某个二叉查找树（即二叉排序树）中进行查找时，效率最差的情形是该二叉查找树是（   ）。

A. 完全二叉树

B. 平衡二叉树

C. 单枝树

D. 满二叉树

_____月____日

5-21（多选题） 在Java语言中，下列说法正确的有（   ）。

A. 构造器 Constructor 可被继承

B. String 类不可以继承

C. 判断两个对象值相同用 "=="

D. char 型变量中能存储一个中文汉字

_____月____日

5-22（多选题） HTML中不间断空格的转义符有（   ）。

A. <

B.

C. ¡

D.

_____月_____日

6-1（单选题） 要从 sales 表中提取出 prod_id 列包含 '_D123' 字符串的产品明细。下面哪一个 select 条件子句可以获得所需的输出结果？（　　）

A.　select prod_id like '%_D123%' escape '_'

B.　select prod_id like '%_D123%' escape '\'

C.　select prod_id like '%_D123%' escape '%_'

D.　select prod_id like '%_D123%' escape '_'

_____月_____日

6-2（单选题） 关于 intersect 操作符，下面哪项描述是正确的？（　　）

A.　它忽略空值

B.　交换交集表的前后顺序可以改变交集结果

C.　所有 select 查询语句中的列的名字必须相同

D.　所有 select 查询语句，列的数量和数据类型必须相同

_____月_____日

6-3（单选题） 以下哪项创建数据库表的语句是正确的？
（   ）

A. create table emp9$# (emp_no number (4))

B. create table 9emp$# (emp_no number (4))

C. create table emp*123 (emp_no number (4))

D. create table emp9$# (emp_no number (4), date date)

_____月_____日

6-4（单选题） 一个 Weblogic 实例配置了 Multi-Pool, 分别为 a、b、c，如果选择的是 load-balance, 如果一个请求从 a 获得 connection, 请问什么情况下会从 b 或者 c 获得 connection？（   ）

A. 都不能

B. 用完了

C. 坏了

D. 按照负载均衡算法

___月___日

6-5（单选题） 下面的 create sequence 语句：

create sequence seq1

start with 100

increment by 10

maxvalue 200

cycle

nocache;

seq1 序列已经增长到 200 的最大值限制，执行下面的 sql 语句：

select seq1.nextval from dual;

select 语句显示什么？（   ）

A. 1

B. 10

C. 100

D. an error

_____月_____日

6-6（单选题） Weblogic 不支持哪种组件？（　　　）

A. JDBC

B. SERVLET

C. JSP

D. ODBC

_____月_____日

6-7（单选题） 关于 union 操作符哪句话正确？（　　　）

A. 默认输出不排序

B. 在重复值检查时不忽略 null 值

C. 列名在所有 select 语句中必须是相同的

D. 在所有 select 语句中选择的列的数量不需要相同

_____月_____日

6-8（单选题）　评估下面的 delete 语句：

delete from sales;

在 sales 表上没有其他未提交的事务。

关于 delete 语句哪句话是正确的？（　　　）

A. 如果表中有主键则不能移除行

B. 移除表中所有行及表结构

C. 移除表中所有行，并且删除的行可以回滚

D. 移除表中所有行，并且删除的行不可以回滚

_____月_____日

6-9（单选题）　数据库运行在 NOARCHIVELOG 模式下。以下关于数据库备份描述正确的是（　　　）。

A. 可以执行在线数据库备份

B. 可以执行脱机数据库备份

C. 不能执行用户级的导入 / 导出操作

D. 以上都不正确

_____月_____日

6-10（单选题） 关于 Weblogic 的描述哪项是不正确的？
（　　）

A. 是实现 J2EE 规范的软件产品

B. 属于 Java 中间件产品

C. 是位于前端和后端数据库之间负责业务逻辑处理和展示的

D. 必须用图形方式安装

_____月_____日

6-11（单选题） 下面哪项不属于 Weblogic 的概念？（　　　）

A. profile

B. domain

C. cluster

D. node

_____月____日

6-12（单选题）　向表中的一个类型为 number(7,2) 列写入数据，以下哪项数据能够写入成功？（　　　）

A. 1234567.89

B. 123456.78

C. 12345.67

D. 以上都不能写入

_____月____日

6-13（单选题）　使用 sql 语句进行查询操作时，若希望查询结果中不出现重复行，应在 select 子句中使用（　　　）保留字。

A. unique

B. all

C. except

D. distinct

_____月_____日

6-14（单选题） 在 sql 中，删除表 tabname 的主键 pk_name
用（ ）命令。

A. drop primary key pk_name

B. delete primary key pk_name

C. drop table tabname constraint pk_name

D. alter table tabname drop constraint pk_name

_____月_____日

6-15（单选题） 下列说法哪项是正确的？（ ）

A. 主键和唯一性索引列都不能为空

B. 主键列不能为空

C. 唯一性索引列不能为空

D. 以上说法都正确

____月____日

6-16（单选题） 有 a、b 两张表，表中的数据如下：

a		b	
id	ext_id	ext_id	name
1	3	1	a
2	8	2	b
3	7	3	c
4	4	4	d

select count(*) from a, b select a. ext_id = b. ext_id;

select count(*) from a, b select a. ext_id = b. ext_id (+);

select count(*) from a, b select a. ext_id (+)=b. ext_id

以上三个 sql 查询到的结果分别为（　　　　）。

A. 2 2 2

B. 2 4 4

C. 4 4 4

D. 4 2 2

bad debt——坏账

_____月_____日

6-17（单选题） select instr（'China Tax'，'a'，3, 2) from dual 的结果是（   ）。

A. 5

B. 8

C. 4

D. 7

_____月_____日

6-18（多选题） 以下关于数据库备份描述正确的有（   ）。

A. 热备份针对归档模式的数据库，在数据库处于工作状态时可以进行备份

B. 冷备份是指在数据库关闭后进行备份，适用于所有模式的数据库

C. 热备份的优点在于当备份时，数据库仍旧可以使用并且可以将数据库恢复到任意一个时间点

D. 冷备份的优点在于它的备份和恢复操作相当简单，并且冷备份可以用于非归档模式数据库

_____月_____日

6-19（多选题）　关于 truncate 的描述正确的有（　　　）。

A. 表使用 truncate 操作后在 commit 之前可以通过 rollback 恢复数据

B. 表使用 truncate 操作后不可以通过 rollback 恢复数据

C. truncate 不能触发触发器

D. truncate 可以触发触发器

_____月_____日

6-20（多选题）　Oracle 数据库物理文件包括（　　　）。

A. 系统文件

B. 日志文件

C. 数据文件

D. 控制文件

_____月_____日

6-21（多选题） 以下（ ）内存区属于SGA。

A. PGA

B. 日志缓冲区

C. 数据缓冲区

D. 共享池

____月____日

6-22（简答题） 有员工表：

empinfo(fempno varchar2(10) not null,

fempname varchar2(20) not null,

fage number not null,

fsalary number not null);

假如数据量大约 1000 万条，写一个你认为最高效的 sql，用一个 sql 计算以下四种人：

fsalary>=9999 and fage >= 35

fsalary>=9999 and fage < 35

fsalary <9999 and fage >= 35

fsalary <9999 and fage < 35

计算每种员工的数量。

_____月_____日

7-1（单选题）　美国海军军官通过对前人航海日志的分析，绘制了新的航海路线图，标明了得分数与洋流可能发生的地点的关系，这体现了大数据分析理念中的（　　　）。

　　A．在分析方法上要注重相关分析而不是绝对精确

　　B．在分析效果上更追究效率而不是绝对精确

　　C．在数据规模上强调相对数据而不是绝对数据

　　D．在数据基础上倾向于全体数据而不是抽样数据

_____月_____日

7-2（单选题）　在数据生命周期管理实践中，（　　　）是执行方法。

　　A．数据存储和备份规范

　　B．数据管理和维护

　　C．数据价值发觉和利用

　　D．数据应用开发和管理

_____月_____日

7-3（单选题）　下列关于网络用户行为的说法中，错误的是（　　）。

A. 网络公司能够捕捉到用户在其网站上的所有行为

B. 用户离散的交互痕迹能够为企业提升服务质量提供参考

C. 数字轨迹用完即自动删除

D. 用户的隐私安全很难得以规范保护

_____月_____日

7-4（单选题）　下列关于聚类挖掘技术的说法中，错误的是（　　）。

A. 不预先设定数据归类类目，完全根据数据本身性质将数据聚合成不同类别

B. 要求同类数据的内容相似度尽可能小

C. 要求不同类数据的内容相似度尽可能小

D. 与分类挖掘技术相似的是，都是要对数据进行分类处理

_____月_____日

7-5（单选题）　下列关于大数据的分析理念的说法中，错误的是（　　　）。

A. 在数据基础上倾向于全体数据而不是抽样数据

B. 在分析方法上更注重相关分析而不是因果分析

C. 在分析效果上更追究效率而不是绝对精确

D. 在数据规模上强调相对数据而不是绝对数据

_____月_____日

7-6（单选题）　大数据时代，数据使用的关键是（　　　）。

A. 数据收集

B. 数据存储

C. 数据分析

D. 数据再利用

_____月_____日

7-7（单选题） 大数据环境下的隐私担忧，主要表现为（ ）。

A. 个人信息的被识别与暴露

B. 用户画像的生成

C. 恶意广告的推送

D. 病毒入侵

_____月_____日

7-8（单选题） （ ）是通过对商业信息的搜集、管理和分析，使企业的各级决策者获得知识或洞察力，促使他们做出有利决策的一种技术。

A. 客户关系管理（CRM）

B. 办公自动化（OA）

C. 企业资源计划（ERP）

D. 商业智能（BI）

_____月_____日

7-9（单选题） 商业智能（BI）的核心技术是逐渐成熟的数据仓库（DW）和（　　　）。

A. 联机呼叫技术

B. 数据整理（ODS）技术

C. 联机事务处理（OLTP）技术

D. 数据挖掘（DM）技术

_____月_____日

7-10（单选题） 大数据必然无法用单台的计算机进行处理，必须采用分布式架构。它的特色在于对海量数据进行分布式数据挖掘。但它必须依托（　　　）的分布式处理、分布式数据库和（　　　）、虚拟化技术。

A. 云计算、云存储

B. hadoop、hive

C. 高性能服务器、可视化展现

D. 高性能服务器、hadoop

____月____日

7-11（多选题） 下列关于脏数据的说法中，正确的有（　　　）。

A. 格式不规范

B. 编码不统一

C. 意义不明确

D. 与实际业务关系不大

E. 数据不完整

____月____日

7-12（多选题） 数据再利用的意义在于（　　　）。

A. 挖掘数据的潜在价值

B. 实现数据重组的创新价值

C. 利用数据可扩展性拓宽业务领域

D. 优化存储设备，降低设备成本

E. 提高社会效益，优化社会管理

_____月_____日

7-13（多选题）　大数据人才整体上需要具备（　　）等核心知识。

A. 数学与统计知识

B. 计算机相关知识

C. 管理学知识

D. 市场运营管理知识

E. 在特定业务领域的知识

_____月_____日

7-14（多选题）　数据仓库系统使用到的技术包括（　　　）。

A. 数据仓库技术

B. 数据压缩技术

C. 联机分析处理技术

D. 数据挖掘技术

E. 模式识别技术

_____月____日

7-15（多选题） 在大型企业的数据库应用系统中，联机事务处理（OLTP）和联机分析处理（OLAP）是常见的数据管理与数据分析形式。关于 OLTP 和 OLAP，一般情况下，下列说法错误的有（   ）。

A. OLTP 系统的安全性要求比 OLAP 系统的低，也比较容易实现

B. OLTP 系统在访问数据时，一般以单条记录访问为主，集合访问为辅，OLAP 系统则相反

C. OLTP 要求系统必须具有很高的响应速度，而 OLAP 对系统响应速度的要求较为宽松

D. OLTP 系统一般由企业中上层或决策层使用，而 OLAP 系统一般由企业的中下层业务人员使用

_____月_____日

7-16（多选题）　下列关于基于大数据的营销模式和传统营销模式的说法中，错误的有（　　　）。

A. 传统营销模式比基于大数据的营销模式投入更小

B. 传统营销模式比基于大数据的营销模式针对性更强

C. 传统营销模式比基于大数据的营销模式转化率低

D. 基于大数据的营销模式比传统营销模式实时性更强

E. 基于大数据的营销模式比传统营销模式标准性更强

_____月_____日

7-17（多选题）　大数据的价值体现在（　　　）。

A. 大数据给思维方式带来了冲击

B. 大数据为政策制定提供科学依据

C. 大数据助力智慧城市提升公共服务水平

D. 大数据实现了精准营销

E. 大数据的发力点在于预测

_____月_____日

7-18（判断题）　一般而言，分布式数据库是指物理上分散在不同地点，但在逻辑上是统一的数据库。因此分布式数据库具有物理上的独立性、逻辑上的一体性、性能上的可扩展性等特点。（　　　）

_____月_____日

7-19（判断题）　具备很强的报告撰写能力，可以把分析结果通过文字、图表、可视化等多种方式清晰地展现出来，能够清楚地论述分析结果及可能产生的影响，从而说服决策者信服并采纳其建议，是数据分析能力对大数据人才的基本要求。（　　　）

_____月_____日

7-20（判断题）　简单随机抽样，是从总体 N 个对象中任意抽取 n 个对象作为样本，最终以这些样本作为调查对象。在抽取样本时，总体中每个对象被抽中为调查样本的概率可能会有差异。（　　　）

_____月_____日

7-21（简答题） 税收数据挖掘中所使用的数据质量对于分析结论的准确度和可信度起着决定性的影响，数据质量面临的最大挑战是各类源数据的异构性和低质量，对税收数据的分析往往因为数据的质量不高而难以达到预期效果。那么在实际工作中，造成数据质量问题的原因主要有哪些？

_____月_____日

7-22（简答题）　简述税收工作中的数据决策和经验决策之间的关系。

____月____日

8-1（填空题） 2015年3月5日十二届全国人大三次会议上，李克强总理在《政府工作报告》中首次提出"互联网+"行动计划。李克强在政府工作报告中提出，制定"互联网+"行动计划，推动（ ）、（ ）、（ ）、（ ）等与现代制造业结合，促进电子商务、工业互联网和互联网金融健康发展，引导互联网企业拓展国际市场。

____月____日

8-2（单选题） 国家电子政务总体框架的构成包括：服务与应用系统、信息资源、基础设施、法律法规与标准化体系、管理体制，推进国家电子政务建设，服务是宗旨。关于电子政务与传统政务的比较，以下论述不正确的是（ ）。

A. 办公手段不同

B. 与公众沟通方式存在差异

C. 业务流程一致

D. 电子政务是政务活动一种新的表现形式

_____月_____日

8-3（单选题）　某市政府门户网站建立民意征集栏目，通过市长信箱、投诉举报、在线访谈、草案意见征集、热点调查、政风行风热线等多个子栏目，针对政策、法规、活动等事宜开展民意征集，接受群众的咨询、意见建议和举报投诉，并由相关政府部门就相关问题进行答复，此项功能主要体现电子政务（　　）服务的特性。

A. 政府信息公开

B. 公益便民

C. 交流互动

D. 在线办事

_____月_____日

8-4（填空题）　国家税务总局于 2015 年 9 月制定的《"互联网＋税务"行动计划》中包含的五大模块为（　　）、（　　）、（　　）、（　　）、（　　）。

_____月____日

8-5（多选题） 以下各项中，属于推进和落实"互联网＋税务"行动基础保障的有（ ）。

A. 优化业务管理

B. 提升技术保障

C. 借助社会力量

D. 加强沟通协作

_____月____日

8-6（单选题） "互联网＋税务"的行动目标：至（ ）年，开展互联网税务应用创新试点，优选一批应用示范单位，形成电子税务局相关标准规范，推出功能完备、渠道多样的电子税务局以及可复制推广的"互联网＋税务"系列产品，在税务系统广泛应用。至（ ）年，"互联网＋税务"应用全面深化，各类创新有序发展，管理体制基本完备，分析决策数据丰富，治税能力不断提升，智慧税务初步形成，基本支撑税收现代化。

A. 2017，2020

B. 2016，2020

C. 2017，2022

D. 2016，2022

_____月_____日

8-7（判断题） 过去，跑税务局是纳税人办税的主要途径，人在"囧途"、排队长龙、重复报送资料、被催报催缴和接受评估检查，是纳税人的"堵点"和"痛点"，也是税收工作中的"难点"。现如今，互联网的广泛应用，可以帮助政府部门优化再造服务流程，为打造服务型政府提供技术支撑。（　　　）

_____月_____日

8-8（单选题） 网上订票系统为每一位订票者提供了方便快捷的购票业务，这种电子商务的类型属于（　　　）。

A. B2C

B. B2B

C. C2C

D. C2B

_____月_____日

8-9（单选题） 在电子商务中，除了网银、电子信用卡等支付方式以外，第三方支付可以相对降低网络支付的风险。下面不属于第三方支付优点的是（　　　）。

A. 比较安全

B. 支付成本较低

C. 使用方便

D. 预防虚假交易

_____月_____日

8-10（单选题） 国家税务总局局长王军强调，要大力推进税收（　　　）建设。税收（　　　）是开展"互联网＋税务"行动的重要基础。

A. 现代化

B. 信息化

C. 国际化

D. 多元化

_____月_____日

8-11（多选题）　2016年6月16日，《中国"互联网+"指数（2016）》报告在北京举行的中国"互联网+"峰会上发布。该报告显示，在二三线城市的强力拉动下，"互联网+"在全国351个城市均取得增长，"互联网+"为什么这么受欢迎？（　　　）

A. 给人们生活带来了方便

B. 蕴含众多市场机会

C. "互联网+"与传统经济共振协调

D. "互联网+"更符合现在的生活节奏

_____月_____日

8-12（多选题）　国家税务总局于2015年9月制定的《"互联网+税务"行动计划》中社会协作模块包含（　　　）。

A. 互联网+众包互助

B. 互联网+创意空间

C. 互联网+应用广场

D. 互联网+申报纳税

_____月_____日

8-13（多选题） 国家税务总局于 2015 年 9 月制定的《"互联网＋税务"行动计划》中办税服务模块包含（   ）。

A. 互联网＋在线受理

B. 互联网＋申报纳税

C. 互联网＋便捷退税

D. 互联网＋信息公开

E. 互联网＋自助申领

_____月_____日

8-14（多选题） 国家税务总局于 2015 年 9 月制定的《"互联网＋税务"行动计划》中发票服务模块包含（   ）。

A. 互联网＋移动开票

B. 互联网＋电子发票

C. 互联网＋发票查询

D. 互联网＋发票摇奖

_____月_____日

8-15（多选题）　国家税务总局于2015年9月制定的《"互联网+税务"行动计划》中信息服务模块包含（　　　）。

A. 互联网+监督维权

B. 互联网+移动开票

C. 互联网+信息公开

D. 互联网+数据共享

E. 互联网+信息定制

_____月_____日

8-16（多选题）　国家税务总局于2015年9月制定的《"互联网+税务"行动计划》中智能应用模块包含（　　　）。

A. 互联网+智能咨询

B. 互联网+税务学堂

C. 互联网+移动办公

D. 互联网+涉税大数据

E. 互联网+涉税云服务

_____月_____日

8-17（多选题） 2015年7月《国务院关于积极推进"互联网+"行动的指导意见》中写道，"互联网+"是把互联网的创新成果与经济社会各领域深度融合，推动技术进步、效率提升和组织变革，提升实体经济创新力和生产力，形成更广泛的以互联网为基础设施和创新要素的经济社会发展新形态。为顺应世界"互联网+"发展趋势，我们应坚持（　　　）。

A. 坚持开放共享

B. 坚持融合创新

C. 坚持变革转型

D. 坚持引领跨越

_____月_____日

8-18（多选题）　"互联网+"的发展趋势迅猛，在不久的将来，互联网与经济社会各领域的融合发展进一步深化，基于互联网的新业态成为新的经济增长动力，互联网支撑大众创业、万众创新的作用进一步增强，互联网成为提供公共服务的重要手段，网络经济与实体经济协同互动的发展格局基本形成。为尽快达成这一目标，我们需（　　　）。

A. 进一步提升经济发展

B. 进一步提高社会服务

C. 进一步夯实基础支撑

D. 进一步控制环境治理

____月____日

8-19（多选题） 当"互联网+"融入社会生活，当信息技术接轨公共服务，跟随大数据时代的脚步，税务部门如何创新管理服务模式才能汇聚税收事业发展新动能？（　　）

A. 构建高速率、高可靠、低时延、灵活快速的网络互联体系

B. 控制"互联网+"的发展速度

C. 将传统手工模式搬到互联网上

D. 为打造服务型政府努力

____月____日

8-20（单选题） "互联网+税务"行动实施过程中，应严格遵循国家税务总局有关标准、规范，做好与现有信息系统和金税三期系统的衔接。要严格实施（　　），在开发互联网应用系统时应与信息安全保障同步规划、同步建设和同步运行，确保系统安全稳定运行。

A. 数据审核

B. 运维保障

C. 安全审核

D. 开发申请

_____月____日

8-21（单选题）　李克强总理在 2016 年夏季达沃斯论坛的讲话中提到，"中国制造 2025"和（　　）是不可分割的，要使中国制造向智能化的方向发展，必须依靠互联网，依靠云计算，依靠大数据。

A. 创新驱动

B. 信息技术

C. "互联网＋"

D. 深化改革

_____月____日

8-22（单选题）　移动办公也称移动 OA，是指以（　　）为前提，利用手机、PDA 或笔记本电脑等移动终端通过互联网、无线网络或专网访问企、事业单位办公系统，实现访问内网信息、处理公务的功能应用。

A. 方便快捷

B. 安全访问

C. 高可靠性

D. 多设备支持

_____月_____日

9-1（单选题） 因为过失，一个用户的声卡被新声卡替换，为了便于将来参考，哪项 ITIL 流程可用来记录这块不同生产厂商的新声卡？（ ）

A. 变更管理

B. 配置管理

C. 事故管理

D. 问题管理

_____月_____日

9-2（单选题） 下列哪项是签订服务级别协议的直接好处？（ ）

A. IT 客户和提供商的预期一致

B. 将较少发生事故

C. 撤销的变更数量将会减少

D. 可用性将得到保障

_____月_____日

9-3（单选题）　思考下列表述：

①有效的变更管理确保了紧迫性和影响度，是确定变更进度安排的关键因素。

②变更管理控制变更流程的方方面面。

哪个说法正确？（　　　）

A.　①

B.　都不对

C.　②

D.　都对

_____月_____日

9-4（单选题）　在发布一个软件升级修复某个已知错误后，哪项流程能确保配置管理数据库被正确更新？（　　　）

A.　变更管理

B.　问题管理

C.　配置管理

D.　发布管理

_____月_____日

9-5（单选题） 与某个特定配置项相关的项目信息被存储到配置管理数据库，这种项目称为（　　　　）。

A. 组件

B. 特色

C. 属性

D. 特性

_____月_____日

9-6（单选题） 思考下列信息：

①类型标识；②唯一标识符；

③版本号；　④副本数量。

上列哪个信息的详细资料必须作为配置项记录进配置管理数据库？（　　）

A. ①和②

B. ①、③和④

C. 全部

D. ②和③

_____月_____日

9-7（单选题） 配置管理数据库与典型的资产登记簿有什么不同？（　　）

A. 配置管理数据库是电算化的系统，大多数资产登记簿不是

B. 它们没有区别

C. 不仅仅是硬件被记录进配置管理数据库

D. 配置管理数据库是将其内容联结在一起的数据库

_____月_____日

9-8（单选题） 没有一个好的会计核算系统，你不能：

①了解所提供服务的全部成本

②判断问题管理的效率

③恢复使用成本

上述哪个正确？（　　）

A. ①、②和③

B. 仅①和③

C. 仅①和②

D. 仅②和③

_____月_____日

9-9（单选题） 现在，管理服务的可用性比以前更重要是因为（   ）。

A. 客户对 IT 的依赖已经增长

B. 现在的系统管理工具能提供更实时的性能管理信息

C. 更多的 IT 系统外包

D. 现在更多的服务提供商同他们的客户签署了服务级别协议

_____月_____日

9-10（单选题） 风险评估不是下列哪项流程的主要部分？（   ）

A. 服务级别管理

B. IT 服务持续性管理

C. 变更管理

D. 可用性管理

_____月_____日

9-11（单选题） 在旅馆，销售人员使用笔记本电脑能获得旅行的路线和时间。在有些时候他们发现，安装的某种特定的调制解调器通信状况不能令人满意，一个针对这个故障的临时解决方案已经被确定。除事故管理外，还有哪项流程涉及完成一个结构上的解决方案？（　　　）

A. 变更、配置、发布和问题管理

B. 仅配置和发布管理

C. 仅变更和发布管理

D. 仅变更和发布

_____月_____日

9-12（单选题） 思考下列说法：

① ITIL 流程应该以这样一种方式执行，那就是对组织的贡献不仅要明确而且能实际完成。

② ITIL 方法的一个特性是让一个部门负责服务支持和服务提供流程，这样被分配的资源就能尽可能的有效使用。

这些说法正确吗？（　　　）

A. 都对

B. 仅②对

C. 都不对

D. 仅①对

_____月_____日

9-13（单选题） IT服务管理是如何保证IT服务提供的质量的？（　　）

A. 通过将内部和外部的客户与提供商之间的协定记录进正式的文档

B. 通过订立通用的可接受的服务级别标准

C. 通过在IT组织的所有员工中推行客户导向模式

D. 通过计划、实施和管理为IT服务提供一套连贯的流程

_____月_____日

9-14（单选题） 谁能和IT组织订立IT服务购买协议？（　　）

A. 服务级别管理

B. 用户

C. ITIL流程所有者

D. 客户

_____月_____日

9-15（判断题）　普通用户是指能够访问并登录统一运维门户系统，具备其他系统（综合监控、服务流程、自动控制、配置管理、综合展现等）访问权限的用户。（　　　）

_____月_____日

9-16（判断题）　综合监控系统中的管理层监控包括告警统计、性能统计和监控统计 3 个模块。（　　　）

_____月_____日

9-17（判断题）　综合监控系统包括管理层监控和基础层监控。（　　）

_____月_____日

9-18（简答题）　运维平台门户网站的作用是什么？

_____月_____日

9-19（简答题） 运维平台门户网站主要有哪些内容？

_____月_____日

9-20（简答题） 各县、省应用系统需要上报问题，其中一般问题、重大问题处置的原则是什么？上报的办法是什么？上报的进度和结果在哪里查询？

_____月_____日

9-21（简答题） 什么是信息技术服务？

_____月_____日

9-22（简答题） ITSS 是如何定义信息技术服务的核心要素和生命周期的？

____月____日

10-1（单选题）　目前综合办公信息系统的文档处理器不支持以下哪项文字处理软件？（　　）

A. WPS 2000

B. MS Office XP

C. MS Office 2003

D. MS Office 2007

____月____日

10-2（单选题）　要想将一份文件彻底从综合办公系统中删除，需要做以下哪项操作？（　　）

A. 在文件服务器上删除文件的物理文件

B. 在数据库中删除该文件的相关信息

C. 直接在前台点击"删除"按钮进行删除

D. 执行文件销毁操作

_____月_____日

10-3（单选题）　综合办公系统具有"对正在编辑的文件每隔3分钟便在本地磁盘中自动保存一次"的功能，该功能将文件保存在客户端的哪项目录中？（　　　）

A. C:\Program Files\OdpsClient

B. C:\Program Files\OdpsClient\BAK

C. C:\OdpsClient\BAK

D. C:\Windows\OdpsClient

_____月_____日

10-4（多选题）　若想让某个用户可以查询到所有文件，则需将其添加到（　　　）组中？

A. 收文查询组

B. 发文查询组

C. 文书岗

D. 开放式文件查询

_____月_____日

10-5（多选题）　为保证综合办公系统能够正常使用，需做哪些设置？（　　　）

A. 添加可信站点

B. 安装文字处理软件

C. 安装文档处理器

D. 不需要做任何设置

_____月_____日

10-6（多选题）　综合办公系统中，修改用户登录密码的方法有（　　　）。

A. 用户在配置项中自行修改

B. 系统维护中重置密码

C. 数据库中修改 tab2 中字段

D. 数据库中修改 tab1 中字段

_____月_____日

10-7（选择题）　客户端使用 WPS 处理软件时需点击"开始——所有程序——复合文档处理器——文字处理软件配置工具"，其中 Office 类型选择（　　　），Office 文件格式选择（　　　）。

A. 中标普华 Office

B. 微软 Office

C. 金山 Office

D. 微软格式（.doc）

E. 国际格式（.uof）

_____月_____日

10-8（单选题）　发文模板存放路径为文件服务器上"odpsfile\以组织别名命名的文件夹 \fw"文件夹下的(　　　)目录中。

A. TPL

B. NB

C. SW

D. ISS

_____月_____日

10-9（单选题） 综合办公系统数据库表空间命名为（   ），创建的表空间大小依据《部署手册》。

A. GW

B. ZHBG

C. ODPS

D. TEST

_____月_____日

10-10（多选题） 综合办公系统服务器包括（   ）。

A. 文件服务器

B. 应用服务器

C. MQ 服务器

D. 数据库服务器

_____月_____日

10-11（判断题） 更改 MQ 服务器 IP 地址时可直接自行修改，不会影响与国家税务总局的文件封发。（　　）

_____月_____日

10-12（判断题）　在系统中，岗位设置包括虚岗和实岗。虚岗主要是从行政上划分，区别不同用户行政隶属；实岗是"组"的概念，"组"是脱离了行政隶属关系而存在的、具有相同权限的部门、个人或实岗，"组"中可以有一个或多个用户，并且不受部门的限制。（　　）

_____月_____日

10-13（判断题） 以新建的单位人员账号登录系统时提示：传入的组织名称与配置文件不匹配。出现此问题的原因是应用服务和文件服务配置文件中缺少新建单位的信息。（　　）

_____月_____日

10-14（判断题） 跨单位人员调整时可通过"迁移"功能来实现。（　　）

_____月_____日

10-15（判断题） 省局以下单位的管理员登录系统后左侧工作台提示：很抱歉，可直接联系上级单位管理员同步本单位管理员的角色模板来实现。（   ）

_____月_____日

10-16（判断题） 应用服务控制台中"服务配置——JDBC——数据源"的名字必须设置为 OdpsDataSource。（   ）

_____月_____日

10-17（判断题） 在个别客户端上打开文件正文时提示：Inter Explorer 已对此页面进行了修改，以帮助防止跨站脚本。问题处理方法为：打开 IE 浏览器的"工具——Internet 选项——安全——可信站点——自定义级别——脚本"，禁用"启用 XSS 筛选器"。（   ）

_____月_____日

10-18（判断题） 机构调整，单位需要改名时单位名称和单位别名都需修改。（   ）

_____月_____日

10-19（判断题）　文件发送后可收回的前提条件是下一环节未阅时，文件才可以被收回。（　　　）

_____月_____日

10-20（判断题）　应用服务和文件服务程序包中的配置文件名都是 odpsconfig.xml，配置文件中的信息内容也相同。（　　　）

_____月_____日

10-21（判断题） 所有用户都可以拟刊物类型的文件。（   ）

_____月_____日

10-22（判断题） 新建人员默认只有全体人员的权限，可根据实际情况，将人员添加到相应的实岗或虚岗中，不需要同步该人员的角色模板，该人员就可拥有相应的权限。（   ）

_____月_____日

11-1（单选题） 下列计算机终端和移动存储设备安全使用要求，错误的是（　　）。

A. 税务工作人员应安全地使用、保管税务计算机终端，包括设置一定强度的开机和屏幕保护口令并定期更换

B. 安装税务机关统一部署的病毒防护等终端安全软件，不得擅自卸载或破坏安全防护技术措施

C. 不得将业务专网计算机终端连入互联网或其他非税务内部网络

D. 报经领导同意可以将无线路由器等设备接入税务业务专网

E. 计算机终端使用用途变更、维修或报废时须经审批

_____月_____日

11-2（单选题） 税务人员信息安全"三不准"错误的是（　　）。

A. 非工作笔记本电脑不准与内网连接

B. 交换工作文件不准使用个人U盘

C. 非税务工作人员未经许可不准使用内部网络

D. 外网任何情况下都不准向内网复制数据

_____月_____日

11-3（单选题） 税务人员信息安全"三必须"不正确的是（　　）。

A. 所有工作用机必须设置开机口令，且口令长度不得少于8位

B. 办公室公用计算机为方便起见可不设置开机口令

C. 外网向内网复制数据必须通过刻录光盘单向导入

D. 所有保密设备必须粘贴保密标识

_____月_____日

11-4（单选题） 税务工作人员需要重点保护的信息中，不包含下列哪项？（　　）

A. 涉及国家秘密的信息

B. 互联网下载的资料

C. 业务数据（如纳税人的涉税信息、发票信息、统计分析数据等）

D. 内部行政信息（如人事、财务、纪检、监察等信息）

_____月_____日

11-5（单选题） 个人行为可能引发信息安全事件的是（　　）。

A. 内网计算机不连接外部网络

B. 移动介质混用

C. 使用安全密码

D. 及时备份重要信息

_____月_____日

11-6（单选题） 下列上网习惯中哪项是不良的上网习惯？（　　）

A. 不使用工作机访问与工作无关的网站

B. 不经过杀毒软件检查就打开网上下载的文件

C. 不点击来路不明的电子邮件附件

D. 不点击陌生的网络链接

_____月_____日

11-7（单选题）　税务系统工作人员应遵守的信息安全要求中，不包含下列哪项？（　　　）

A. 严格保护个人计算机的账户和口令，不得泄露给他人

B. 计算机和笔记本电脑必须开启防火墙功能并安装防病毒软件，及时进行版本升级和病毒库的更新

C. 家用计算机安装杀毒软件后，也可以处理工作文件

D. 定期备份计算机中重要信息数据，及时清除计算机中敏感信息数据

E. 在使用外来存储介质及接收邮件之前，必须杀毒

_____月_____日

11-8（单选题）　内网计算机通过无线网卡接入互联网造成的后果是（　　　）。

A. 使计算机感染病毒的概率大幅增加

B. 丧失了将大部分通过网络传播的病毒和网络攻击拒之门外的机会

C. 被大量安装流氓软件，造成计算机运行速度降低

D. 破坏了税务机关内外网的物理隔离，个人计算机面临外网攻击的同时，为来自外网对内网的攻击敞开了大门

_____月_____日

11-9（单选题） 普通办公计算机终端报废或移交外单位使用时需经（　　　）进行技术处理，消除信息安全隐患。

A. 信息技术部门

B. 人教部门

C. 办公室（厅）

D. 后勤部门

_____月_____日

11-10（单选题） 工作人员更换工作岗位，应由（　　　）及时更新使用权限。

A. 人教部门

B. 工作人员部门领导

C. 信息系统管理员

D. 单位领导

_____月_____日

11-11（多选题）　计算机病毒的传播途径有（　　　）。

A. 移动存储介质

B. 网络下载

C. 发送邮件

D. 浏览网页

_____月_____日

11-12（多选题）　税务工作人员需要重点保护的信息包括
（　　　）。

A. 涉及国家秘密的信息

B. 内部工作文件（包括起草中未发布的政策性文件）

C. 业务数据（如纳税人的涉税信息、发票信息、统计分析数据等）

D. 内部行政信息（如人事、财务、纪检、监察等信息）

E. 其他不宜公开或遭到破坏后严重影响工作的内部信息

_____月_____日

11-13（多选题） 税务网络系统环境下个人信息可能面临的安全威胁有（　　）。

A. 病毒通过网络或移动介质传播，造成个人计算机无法正常使用或数据破坏

B. 内部工作人员由于误操作等过失行为导致敏感信息丢失或被破坏

C. 外部人员盗窃笔记本电脑、U 盘等移动计算和存储设备窃取敏感信息

D. 外部人员非法接入税务系统内网或直接操作内网计算机窃取、篡改或破坏敏感信息

_____月_____日

11-14（多选题） 密码使用不当的形式有哪些？（　　）

A. 密码长度不足 8 位

B. 登录密码长时间不更换

C. 将个人密码告诉其他的人

D. 登录密码复杂度不够

_____月_____日

11-15（多选题） 不良的上网习惯有哪些？（ ）

A. 使用工作机访问与工作无关的网站

B. 随意下载或安装来路不明的软件

C. 点击来路不明的电子邮件附件

D. 不点击陌生的网络链接

_____月_____日

11-16（多选题） 以下哪些属于计算机感染病毒后的正确操作？（ ）

A. 立即把计算机从网络中断开，记录现场情况，同时拨打信息中心电话，在指导下进行操作

B. 在信息中心帮助（电话咨询或现场支持）下，启动防病毒程序，并执行全局病毒扫描

C. 如果为内网计算机，连上外网进行杀毒清除病毒后再连上内网

D. 如果发现了一个病毒，按照防病毒程序的提示删除它

_____月_____日

11-17（多选题） 以下哪些做法是错误的？（　　　　）

A. 在网络公共场所谈论内部涉密工作

B. 在公共和私人场所存储、携带和处理秘密信息

C. 在即时通信、公用电子邮件等私人信息交流中涉及敏感信息

D. 在个人计算机或网吧的计算机处理内部工作信息

_____月_____日

11-18（多选题） 以下关于个人口令的叙述，哪些是正确的？（　　　　）

A. 对不同资源使用不同口令（如操作系统、电子邮箱和文件加密不用相同的口令）

B. 保证口令的长度和复杂度（8位字符以上，混合使用字母、数字和符号，不要使用您的姓名、用户名、手机号码等容易猜测的信息）

C. 为屏保程序设置口令，离开机器时要注销或锁屏

D. 不要把口令写在纸上或其他可能被他人容易取得的地方，并定期修改口令

_____月_____日

11-19（判断题） 在信息安全问题和信息安全保障工作中，人是最关键和最活跃的因素。（　　　）

_____月_____日

11-20（判断题） 信息安全同政治安全、经济安全、文化安全并列为国家安全的重要组成元素。（　　　）

_____月_____日

11-21（判断题）　政府信息系统的信息安全和保密工作仅仅是信息技术人员的事情。（　　）

_____月_____日

11-22（判断题）　移动存储介质可以随意在内外网之间交叉使用。（　　）

December
12 月

_____月_____日

12-1（单选题）　下列哪项不是计算机病毒的传播途径？
（　　）

A. 交叉使用移动存储介质

B. 网络下载

C. 连接单位无线网络

D. 浏览网页

_____月_____日

12-2（单选题）　计算机信息安全说法错误的是（　　　）。

A. 内网计算机不会受到来自互联网的安全威胁

B. 病毒通过网络或移动介质传播造成个人计算机无法正常使用或数据破坏

C. 内部工作人员由于误操作等过失行为导致敏感信息丢失或被破坏

D. 外部人员盗窃笔记本电脑、U 盘等移动计算和存储设备窃取敏感信息

_____月_____日

12-3（单选题）　计算机正确连接内外网的方式是（　　　）。

A. 通过插头转换方式切换内外网

B. 通过无线网卡接入互联网

C. 使用隔离卡切换连接内外网

D. 带回家中办公连接互联网

_____月_____日

12-4（单选题）　正确使用密码的方式是（　　　）。

A. 密码长度不足8位

B. 经常更换密码

C. 将个人密码告诉其他的人

D. 登录密码复杂度不够

_____月_____日

12-5（单选题）　正确使用防病毒软件的方式是（　　）。

A. 没有保证防病毒软件实施扫描功能处于开启状态

B. 没有安装防病毒软件

C. 打开外来文件前先进行杀毒扫描

D. 对于下载和复制的文件没有进行杀毒

_____月_____日

12-6（单选题）　下列哪项是良好的上网习惯？（　　）

A. 使用工作机访问与工作无关的网站

B. 随意下载或安装来路不明的软件

C. 点击来路不明的电子邮件附件

D. 不点击陌生的网络链接

_____月_____日

12-7（单选题） 下列关于安装计算机桌面安全管理软件的作用，说法错误的是（　　　）。

A. 个人计算机基本安全措施监控

B. 个人计算机异常与违规情况监控

C. 非法外联警告

D. 检测计算机所有硬件变更

_____月_____日

12-8（单选题） 以下对计算机的使用要求不正确的是（　　　）。

A. 计算机实施分类管理制度

B. 计算机必须按照统一要求安装桌面管理系统、防病毒等安全防护软件，并及时进行升级，及时更新操作系统补丁程序

C. 计算机、笔记本电脑必须设置开机口令，长度不得少于8个字符，并定期更换，防止口令被盗

D. 涉密机不得安装、开启无线网络设备，内网机可以

_____月____日

12-9（单选题） 以下对移动存储设备的使用要求，错误的是（　　）。

A. 禁止移动存储介质未经处理在内外网之间交叉使用

B. 从外网向内网复制数据应通过刻录光盘或专用软件单向导入，不准将外部 U 盘、外网移动硬盘等移动存储介质未经处理直接接入内网机

C. 非专用移动存储介质不准存储工作秘密文件

D. 个人普通 U 盘查杀病毒后可以存储工作秘密文件

_____月____日

12-10（单选题） 没有保证防病毒软件实施扫描功能处于开启状态会造成（　　）。

A. 攻击者在比较短的时间内猜出密码

B. 无法在第一时间发现和清除病毒计算机内存中驻留的病毒

C. 不利于进行病毒预警、趋势分析和病毒追踪等活动

D. 被大量安装流氓软件，造成计算机运行速度降低

_____月_____日

12-11（多选题）　内网计算机非法连接外部网络的形式有哪些？（　　）

A. 通过插头转换方式切换内外网

B. 通过无线网卡接入互联网

C. 使用隔离卡切换连接内外网

D. 带回家中办公连接互联网

_____月_____日

12-12（多选题）　防病毒软件使用不当的形式有哪些？（　　）

A. 没有保证防病毒软件实施扫描功能处于开启状态

B. 没有安装防病毒软件

C. 打开外来文件前先进行杀毒扫描

D. 对于下载和复制的文件没有进行杀毒

_____月_____日

12-13（多选题）　病毒、蠕虫和木马等恶意软件是个人计算机最大的威胁源之一，它们可能对你的计算机造成哪些破坏？
（　　　）

A. 使计算机无法启动或计算机崩溃

B. 删除个人数据或重要系统文件

C. 窃取密码和重要文件

D. 导致计算机硬件损坏

_____月_____日

12-14（多选题）　关于个人重要数据的保护，以下哪些措施是可取的？（　　　）

A. 刻录成光盘

B. 异地备份

C. 备份到同事的计算机上

D. 移动硬盘备份

_____月_____日

12-15（多选题）　为保护笔记本电脑中的数据安全，以下哪些做法是恰当的？（　　　）

A. 关闭所有无线设备（包括无线局域网和蓝牙）

B. 创建 BIOS 口令，加密硬盘中的数据

C. 尽可能地不把笔记本电脑作为机密数据的存储介质

D. 如果工作用笔记本电脑丢失立即向当地公安机关报案，并通知单位有关负责人

_____月_____日

12-16（判断题）　台式计算机、笔记本电脑，必须按照统一要求安装桌面管理系统、防病毒等安全防护软件，并及时进行升级，及时更新操作系统补丁程序。使用人员不得安装、运行、使用与工作无关的软件，不得自行更改计算机设置，不得自行卸载桌面管理系统、防病毒等安全防护软件。（　　　）

_____月_____日

12-17（判断题） 台式计算机、笔记本电脑，实施分类管理制度。税务机关配发的计算机根据用途可分为内网机、涉密机等，严格实施分类管理，不得交叉使用，同时必须粘贴明显标识。（　　）

_____月_____日

12-18（判断题） 在临时离开工作岗位时，必须激活带口令的屏幕保护程序，或将系统锁定（对 Windows XP/Win 7 可使用 Ctrl+Alt+Del 锁定），或返回登录状态，或关机。（　　）

____月____日

12-19（判断题） 临时工作需要报经领导批准可以对内网办公用计算机修改网络配置信息，使其可以访问互联网。（   ）

____月____日

12-20（判断题） 办公内网不得接入无线设备，办公外网可以自行接入无线设备。（   ）

_____月_____日

12-21（判断题） 对于计算机上安装的杀毒软件，在日常使用时为提高性能可以禁用监控。（　　）

_____月_____日

12-22（判断题） 计算机只需要安装杀毒软件，不需要进行更新就可以保证日常的计算机安全了。（　　）

参 考 答 案

1 月

1-1 C

解析： 共享型网络所有设备都处于一个广播域，彼此没有隔离，方便一些抓包嗅探软件的使用，因而造成安全隐患。

1-2 D

解析： 链路发生故障，其他交换设备可以利用 BPDU 中的老化时间发现故障并自动切换链路。

1-3 C

解析： 在有备份链路存在的情况下，生成树可以灵活切换主备链路，当没有备份链路存在时候，生成树作用有限。

1-4 B

解析： 配置 VRRP 时，需要把多台物理设备逻辑的合并为一台设备，并配置虚拟地址充当客户端的网关。

1-5 B

解析： 在 VRRP 中，由 Master 设备负责转发数据，当 Master 设备出现故障时，Slave 接替 Master 来转发数据。

1-6 C

解析： OSPF 转发 LSA 时，需要描述某一条路由是从哪里来的，具体的网段和掩码信息也需要携带。

1-7 C

解析： 网络层的主要作用就是路由选路和定义网络通信地址。

1-8　D

解析： TFTP 服务基于 UDP 协议来传输数据，灵活和快速。

1-9　B A C K I

解析： 关于 OSI 七层模型的概念，详见官方网站解释。

1-10　A B C

解析： 在 OSPF 路由协议中，路由 ID 的作用是标示某一条链路或者某一个网段的出处。

1-11　B D

解析： 在广播型网络和多路访问型网络中，为了避免过多的 OSPF 邻居产生，需要选举 DR，所有 DRothers 路由器将路由发给 DR，然后再由 DR 同步后发给其他所有路由器。

1-12　B C

解析： 在 OSPF 中，类型 2 的 LSA 是由网络中的 DR 发出的，所以只有广播型网络和 NBMA 型网络才会选举 DR。

1-13　A B C D

解析： 在网络中同时传输数据业务和语音业务时，需要优先保障语音业务的质量，因为语音业务对实时性要求更高。

1-14　C D

解析： 星型拓扑的弊端就是容易出现单点故障，中心设备承载整个网络的数据传输，当中心设备出现问题时，会发生单点故障，影响整个网络的工作。

1-15　A C

解析： 分组交换和电路交换根据自身特点，适合工作在不同的环境中，电路交换延迟小，分组交换延迟大。

1-16 A C

解析： OSI 七层模型为网络中所有的模块提供了统一的标准。另外将知识体系模块化分层也方便了我们学习。

1-17 正确

解析： 交换机初始化时，默认是以自己为根进行计算，所以根优先级和交换机优先级数值一样。

1-18 错误

解析： Hello 时间设定不一致无法建立邻居。

1-19 正确

解析： PPP 是一种在同步或异步线路上对数据包进行封装的数据链路协议，早期用过 slip，现在更多用 PPP。

1-20 错误

解析： TCP 有重传机制，打电话或者视频会议的时候，如果少听到一句话或者视频卡了一下，不可能需要重新发送。

1-21 正确

解析： 不同节点具有不同的层次，不同节点的相同层次有相同功能。

1-22 正确

解析： 现在实际上的互联网标准采用的就是 TCP/IP 模型。

2 月

2-1 D

解析：在网络中出现广播帧时，所有本地网络中的节点都会收到广播帧。

2-2　A C D

解析：详见 OSI 七层模型中物理层定义的物理接口标准。

2-3　D

解析：虚链路提供点到点的数据传输，数据报文提供端到端的传输。

2-4　B C

解析：在通信过程中，通信双方以分组为单位、使用存储-转发机制实现数据交互的通信方式，被称为分组交换。

2-5　A B

解析：OSPF 的区域分为骨干区域和非骨干区域，骨干区域指的是区域 0，非骨干区域指其他区域编号，非骨干区域之间连接必须要骨干区域来中转。

2-6　B C D

解析：网络设备需要定期更新系统版本，更新的过程视情况可以采取不同的方式，常见的方式有 TFTP、FTP 和 Xmoderm。

2-7　A B C

解析：BAS 主要的作用是：网络承载功能，负责处理用户的 PPPoE（Point-to-Point Protocol over Ethernet，是一种以太网上传送 PPP 会话的方式）连接、汇聚用户的流量功能；控制实现功能：与认证系统、计费系统和客户管理系统及服务策略控制系统相配合实现用户接入的认证、计费和管理功能。

2-8　A B C

解析：PORT（主动）方式的连接过程是：客户端向服务器的FTP端口（默认是21）发送连接请求，服务器接受连接，建立一条命令链路。当需要传送数据时，客户端在命令链路上用PORT命令告诉服务器："我打开了×××端口，你过来连接我。"于是服务器从20端口向客户端的×××端口发送连接请求，建立一条数据链路来传送数据。

2-9 正确

解析：使用一个IP地址就可以实现局域网上的计算机访问互联网时共享IP。

2-10 错误

解析：同种设备互联使用交叉线，不同种设备之间互联使用直连线。

2-11 正确

解析：默认路由可以通过一条路由直接访问所有的IP，所以这种情况下非常合适。

2-12 正确

解析：Cidr是无类域间路由，可以忽略传统的ABC类地址。

2-13 A B C D E

解析：视频会议高清故相关系统必须全为高清系统。

2-14 B

解析：机房送回风方案有以下4种：

①上回风，前回风；

②上送风，下回风；

③上送风，后回风；

④下送风，上回风。

2-15　B

解析： 建筑内有电器设备的需配备二氧化碳灭火器，该类灭火器效果最好。

2-16　D

解析： UPS 的作用如下：

①市电中断的情况下，能利用自身所带的蓄电池通过逆变电路将直流电转换为 220V 交流电给计算机及网络系统供电，保证计算机及网络系统能正常运转。

②对市电有稳压作用，能在电网电压波动时稳定电压。

③能抑制电网的电力谐波干扰、电压瞬间跌落、高压浪涌、电压波形畸变、电磁干扰等电力污染，为计算机及其他设备提供电压稳定、波形纯正的电力供给，保证计算机及网络系统的正常工作和数据不受干扰。

2-17　B

解析： 电子信息系统机房的建筑防火设计应符合现行国家标准《建筑设计防火规范》（GB 50016）的有关规定，电子信息系统机房的耐火等级不应低于二级。

2-18　A B C

解析： 目前 UPS 就其输入输出形式而言，大致可分为 3 种形式：单相输入 / 单相输出形式、三相输入 / 单相输出形式、三相输入 / 三相输出形式。

2-19　A B C

解析： 防止人体触电的基本保护措施有绝缘、屏蔽、障碍、间距、电气隔离、安全电压、漏电保护等。

2-20　B

解析：电视终端 H.239 协议，双流功能可以播放视频内容。

2-21　正确

解析：终端 mic 可以打开，减少发言复杂操作，一般静音桌面 mic 即可（通知发言人打开即可发言）。

2-22　正确

解析：此功能为双显仿真功能。

3月

3-1　B

解析：RAID 5 容量为：容量 ×（硬盘数量 –1），所有最大容量应该为 500GB ×（6–1），也就是 500GB × 5，也就是 2.5TB。

3-2　D

解析：在 AIX 系统中，使用 lslpp 命令可以查看系统中安装了哪些软件包；osleve 是查看系统版本的，installp 是用来安装软件包的，lppchk 是用来验证软件包的。

3-3　A

解析：LUN 的全称是 logical unit number，也就是逻辑单元号。它是存储上划分的一个一个的逻辑对象；服务器可识别到的最小的存储资源就是 LUN 级别的。

3-4　B

解析：存储区域网络（Storage Area Network，SAN）采用网状

通道（Fibre Channel，FC，区别于 Fiber Channel 光纤通道）技术，通过 FC 交换机连接存储阵列和服务器主机，建立专用于数据存储的区域网络。而存储设备、光纤交换机、HBA 卡都是 SAN 网络中基本组成要素。

3–5　D

解析： RAID 6 可以允许同时坏两块硬盘，而 RAID 1、RAID 3、RAID 5 只允许同时最多坏一块硬盘。

3–6　A B D

解析： 主机系统高可用技术可分为双机热备、双机互备及群集并发存取三种方式；多处理器协同不属于高可用技术。

3–7　D

解析： RAID 0 又称为 Stripe 或 Striping，它代表了所有 RAID 级别中最高的存储性能。RAID 0 提高存储性能的原理是把连续的数据分散到多个磁盘上存取，这样，系统有数据请求就可以被多个磁盘并行执行，每个磁盘执行属于它自己的那部分数据请求。这种数据上的并行操作可以充分利用总线的带宽，显著提高磁盘整体存取性能。RAID 0 并不是真正的 RAID 结构，没有数据冗余，没有数据校验的磁盘陈列。

RAID 5、RAID 6、RAID 10 都是冗余阵列，允许有坏盘出现，而 RAID 0 没有冗余，对于 Email 或者 Databas 应用来说，数据都非常重要，所以不推荐没有冗余方式的 RAID 级别。

3–8　B

解析： DAS（Direct Access Storage，直接连接存储）是指将存储设备通过 SCSI 接口或光纤通道直接连接到一台计算机上。NAS

（Network Attached Storage，网络连接存储）即将存储设备通过标准的网络拓扑结构（如以太网）连接到一群计算机上。SAN（Storage Area Network，存储区域网络）通过光纤通道连接到一群计算机上。IPSAN 是在 SAN 后产生的，SAN 默认指 FCSAN，以光纤通道构建存储网络，IPSAN 则以 IP 网络构建存储网络，较 FCSAN 具有更经济、自由扩展等特点。以上几种都是常用的存储解决方案，NAS 和其他几种最主要的区别就是 NAS 有自己的文件系统管理。SAN、DAS 等提供的存储单位是 LUN，属于 block 级别的，需要主机层面创建文件系统。

3-9 C

解析：IBM 小型机选择使用 Power 系列 CPU，P780 小型机属于 7 代 CPU。

3-10 B

解析：一般而言，凡论及灾备方案，都以 RTO 及 RPO 作为最基本的标准。RTO（Recovery Time Objective，复原时间目标）是企业可容许服务中断的时间长度。比如说灾难发生后半天内便需要恢复，RTO 值就是 12 小时；RPO（Recovery Point Objective，复原点目标）是指当服务恢复后，恢复得来的数据所对应的时间点。如果现实企业每天凌晨零时进行备份一次，当服务恢复后，系统内储存的只会是最近灾难发生前那个凌晨零时的资料。

3-11 C

解析：光纤 HBA 卡通过 WWN 来唯一标示。WWN 即 World Wide Name，全球唯一名字，通常是由权威的组织分配的唯一的 48 位或 64 位数字，专门制定为公认的名称授权（通常通过区域分配给制造商），以区分一个或一组网络连接，用来标识网络上的一个连接或连接集合，主要用于 FC。

3-12 C

解析：active-active 工作模式又称为双活工作模式，即两个存储控制器都处于激活状态，可并行处理来自应用服务器的 I/O 请求，一旦某个控制器出现故障或离线，另一个控制器将及时接管其工作，不影响现有任务。而 C 项所说的另一个控制器牌空闲状态，所以 C 是错误的。

3-13 C

解析：PV 物理卷：普通的直接访问的存储设备，有固定的和可移动的之分，代表性的就是硬盘。VG 卷组：AIX 中最大的存储单位，一个卷组由一组物理硬盘组成，也就是由一个或多个物理卷组成。PP 物理分区：是把物理卷划分成连续的大小相等的存储单位，一个卷组中的物理分区大小都相等。一个 VG 可以包含多个物理硬盘，所以 C 是错误的。

3-14 B

解析：存储上电顺序一般都是先加机柜电源，然后打开外设电源（如交换机），再加电存储设备，最后接通服务器电源。下电顺序是反过来的。

存储开机一般是先开硬盘框电源，然后再开控制框电源。存储关机也是反过来的。

3-15 C

解析：NAS 可以扩展存储空间。

3-16 A

解析：vg01 的 vgexport 增加了 −p 参数是预删除，并不真正地删除卷组信息，而 vg02 不加 −p 参数就是导出卷组信息后直接删除卷组信息。所有 vgdisplay 只能看到 vg01 的信息。

3-17　B

解析：硬盘常用接口分为 IDE、SATA、SCSI 和光纤通道 FC 四种，SATA 接口现能支持的最高速率是 SATA III，即 6Gbit/s，也就是 750MB/s 左右；SCSI 接口现能支持的最高速率是 Ultra 640 SCSI，即 640MB/s 左右；SAS 接口现能支持的最高速率是 SAS II，即 6Gbit/s，也就是 750MB/s 左右；FC 现能支持的最高速率是 8Gbit/s 以上，1000MB/s 左右；以上都是硬盘主要接口理论上所能达到的最高速率，所以此题选择 FC 接口。

3-18　B

解析：A 答案中 NTFS 格式的文件，其他操作系统不可以使用；C 答案文件系统是建立在存储之上的，显然也是错误的；D 答案不同的操作系统采用不同的文件系统格式，所以也是错误的。只有 B 是正确的。

3-19　A B

解析：NAS 本身能够支持多种协议（如 NFS、CIFS、FTP、HTTP 等），而且能够支持各种操作系统。通过任何一台工作站，采用浏览器就可以对 NAS 设备进行直观方便的管理。

3-20　A

解析：B 是查看网卡属性的，C 是查看网关信息的，D 是 Windows 上使用的命令。

3-21　B

解析： Intel 弹性双通道内存技术的英文是 Intel Flex Memory Technology，该技术使内存的搭配更加灵活，它允许不同容量、不同规格甚至不成对的内存组成双通道，让系统配置和内存升级更具弹性。

3-22 B

解析： 开机自检也称上电自检，指计算机系统接通电源后，包括对 CPU、系统主板、基本内存、扩展内存、系统 ROM BIOS 等器件的测试。

4月

4-1 A B D

解析： DaaS（Desktop as a Service）桌面即服务并非公认的概念。

4-2 A C D

解析： 内存计算实质上就是 CPU 直接从内存而非硬盘上读取数据，并对数据进行计算、分析，此项技术是对传统数据处理方式的一种加速。

4-3 A B C D

解析： 云计算系统运用了多种技术进行实现，其中最为关键包括编程模型、数据管理技术、数据存储技术、虚拟化技术。

4-4 B

解析： 虚拟化也可以实现将多个资源整合成一个虚拟资源的聚合模式。

4-5 C

解析：MapReduce 是一种编程模型，可以极大地方便编程人员在不会分布式并行编程的情况下，将自己的程序运行在分布式系统上。

4—6　B

解析：IaaS 通常分为公有云、私有云和混合云。

4—7　A

解析：虚拟化平台通过虚拟技术实现逻辑操作与物理实体的结构，实现了跨物理平台的迁移和运行。

4—8　A

解析：虚拟化技术是云计算技术的核心基础技术，但不等于云计算技术，云计算技术是一个大的技术范畴。

4—9　C

解析：超线程是把一个核心模拟成两个，充分利用核心的计算能力，提高多线程效率。

4—10　C

解析：云计算技术是容器，大数据存放在这个容器中。

4—11　C

解析：容器技术可以结合虚拟机技术同时使用。

4—12　B

解析：OpenStack 核心组件可以一起用，也可以分开单独用，每个服务提供 API 以进行集成。

4—13　A C D E F

解析：云计算的定义有很多种解释，现阶段广为接受的是美国国家标准与技术研究院（NIST）定义：云计算是一种按使用量付费的模式，这种模式提供可用的、便捷的、按需的网络访问，进入可配置的计算资源共享池（资源包括网络、服务器、存储、应用软件、服务），这些资源能够被快速提供，只需投入很少的管理工作，或与服务供应商进行很少的交互。B 选项不正确，云计算通过架构可靠性来保证系统可靠性，单节点上可以采用中低端设备。

4-14 C

解析： 混合云是公有云和私有云的混合部署环境，由于用户出于安全考虑更愿意将数据存放在私有云中，但是同时又希望可以获得公有云的计算资源，在这种情况下混合云被采用，达到了既省钱又安全的目的，所以 C 错误。

4-15 B C E H

解析： AIX 是 IBM 公司的闭源服务器端操作系统；Linux 是开源服务器端和桌面操作系统；Android（安卓）是开源的手机操作系统；IOS 是苹果公司研发的闭源手机操作系统；KVM 是开源的虚拟化软件；VMWare 是 EMC 公司的闭源虚拟化软件；FusionSphere 是华为公司的闭源虚拟化软件；Ceph 是开源的分布式存储软件。

4-16 C D

解析： 阿里云是阿里巴巴集团研发的云计算平台，是企业自研闭源软件。QingCloud 是北京优帆科技有限公司研发的云计算平台，是企业自研闭源软件。OpenStack 是以 Apache 许可证授权的开源云计算软件。CloudStack 是以 Apache 许可证授权的开源云计算软件。VCloud 是 EMC 公司旗下的云计算平台，是商业化的闭源软件。

4-17　A B C D

解析: OpenStack 社区成立于 2010 年, 现在是全球活跃度最高的开源云计算技术, 拥有有来自全球 177 个国家的 556 家企业会员。目前有 13 家中国企业参与 OpenStack 开源云社区代码贡献, 分别是: 华为、EasyStack、九州云、中兴、UnitedStack、麒麟云、海云捷迅、中国移动、华三、优铭云、象云、云途腾、中电科华云。OpenStack 社区是全球第二大开源社区, 第一大是 Linux 社区, 所以 E 错误。

4-18　错误

解析: 云计算架构是一种融合性很强的架构, 既可以面向互联网应用, 也可以面向传统架构编写的应用。在税务应用系统中, 主要采用了 J2EE 架构, 本身在应用层就比较适应虚拟化环境, 而虚拟化是云计算的基础, 云计算是对虚拟化的进一步升级和管控, 对应用本身而言, 并不会因为是云计算架构而做过多改动。同时, 在未来的面向纳税人服务的互联网应用设计中, 如果充分考虑云计算架构的特点, 可以使这些应用更加具有弹性和适应互联网的事件化和场景化特征。

4-19　错误

解析: 云计算架构是一种灵活性很强的架构, 对于 WEB 层和应用层的部署支持得很好。对于数据库的部署, 应该分类型来看: 首先, 对于 MySQL、Redis、PostgreSQL、MongoDB 等互联网行业的数据库, 由于都是分布式数据库, 支持没有问题; 其次, 对于 GreenPlum、Vertica、GBase 等分析型数据库, 由于都是分布式数据库，支持也没有问题；最后，对于 Oracle RAC 等交易型数据库，也可以通过 OVM 虚拟化、RDS 协议等 Oracle 支持的虚拟化技术和性能优化技术提供很好的支持和部署。

4-20 错误

解析：如果直接采用社区版的开源云计算软件，缺乏严格的测试和有效的技术保障，确实难以支持核心生产系统。但是如果采用专业公司提供的企业发行版，已经在社区版基础之上进行了严格测试，修复了相应的错误，并且提供商业技术保障，可以用于核心生产环境。同时，开源云技术具有生态良好、安全可控、资料较多、人才好找等优势，在国内，已经有金融、电信、政府、企业、电力、媒体、教育等各个行业大型用户广泛采用，并有很多大规模商业环境的案例。

4-21 正确

解析：私有云环境采用的云计算技术应该具有很好的兼容性，能够兼容各个品牌的服务器，包括 x86 服务器和主流的小型机；兼容主流品牌的商业存储和分布式存储，包括 FC SAN、IP SAN、Server SAN；兼容各个主流品牌的网络设备，包括交换机、路由器、网络负载均衡设备、SDN 设备等。

4-22 错误

解析：物理机、虚拟机、容器有各自不同的特点，用于承载不同类型的业务。虚拟机可以承载大部分的业务；物理机适用于数据库、大数据等单节点资源需求较高的业务；容器适合移动互联网类并发较高、资源波峰波谷非常明显业务，因此从规划上来看，物理机、虚拟机、容器应该长期并存，并且业务有互联互通的需求。

目前主流的开源云技术中，物理机、虚拟机、容器已经可以很好地共存，可以通过一套平台进行管理和调度，业务互通也不存在技术问题。

5月

5-1 B

解析： Java 程序是通过多线程方式来实现并行。

5-2 D

解析： M 是指业务模型，是应用程序中用于处理应用程序数据逻辑的部分，表示企业数据和业务规则。V 是指用户界面，是应用程序中处理数据显示的部分，是用户看到并与之交互的界面。C 是控制器，是应用程序中处理用户交互的部分，接受用户的输入并调用模型和视图去完成用户的需求。使用 MVC 的目的是将 M 和 V 的代码分离，从而使同一个程序可以使用不同的表现形式。

5-3 A C D

解析： 编写需求规格说明书是需求分析的工作内容，其他三项都是架构设计的工作内容。

5-4 A

解析： 面向对象的三要素为：封装、继承、多态。

5-5 D

解析： 本题考查面向对象软件开发过程的基础知识。采用面向对象的软件开发，通常有面向对象分析、面向对象设计、面向对象实现、面向对象测试。面向对象分析是为了获得对应用问题的理解，其主要任务是抽取和整理用户需求并建立问题域精确模型。面向对象设计是采用协作的对象、对象的属性和方法说明软件解决方案的一种方式，强调的是定义软件对象和这些软件对象如何协作来满足需求，延续了面向对象分析。面向对象实现主要强调采用面向对象程序设计语言实现系统。面向对象测试是根据规范说明来验证系统设计的正确性。

5-6 B

解析：本题考查判别式。

int t1=5，t2=6，t3=7，t4，t5；

t4=t1<t2?t1：t2；//t1<t2 为 TRUE，所以 t4 的值为 t1（5）；

t5=t4<t3?t4：t3；//t4<t3 为 TRUE，所以 t5 的值为 t4（5）。

5-7 A

解析：面向对象的基本概念。面向对象分析与设计技术中，对象是类的一个实例。

5-8 A

解析：ESB 全称为 Enterprise Service Bus，即企业服务总线。它是传统中间件技术与 XML、Web 服务等技术结合的产物。ESB 提供了网络中最基本的连接中枢，是构筑企业神经系统的必要元素。ESB 的出现改变了传统的软件架构，可以提供比传统中间件产品更为廉价的解决方案，同时它还可以消除不同应用之间的技术差异，让不同的应用服务器协调运作，实现了不同服务之间的通信与整合。

5-9 B

解析：部署图（Deployment Diagram）：显示运行的处理节点

以及居于其上的构件、进程和对象的配置的图。

5-10　A

解析：Web 服务（Web Service）定义了一种松散的、粗粒度的分布计算模式，使用标准的 HTTP（S）协议传送 XML 表示及封装的内容。Web 服务的主要目标是跨平台的可操作性，企业需要将不同语言编写的在不同平台上运行的各种程序集成起来时，Web 服务可以用标准的方法提供功能和数据，供其他应用程序使用。

5-11　D

解析：B/S 结构即浏览器和服务器结构。在这种结构下，用户工作界面是通过浏览器来实现，极少部分事务逻辑在前端（Browser）实现，主要事务逻辑在服务器端（Server）实现。

5-12　A

解析：UML 中用例图主要用来描述用户与系统功能单元之间的关系，它展示了一个外部用户能够观察到的系统功能模型图。

5-13　C

解析：基线是软件文档或源码的一个稳定版本，它是进一步开发的基础。基线可作为软件生存期中各开发阶段的一个检查点。当采用的基线发生错误时，可以返回到最近和最恰当的基线上。

5-14　C

解析：ABCDE 顺序入栈后再顺序出栈，则出栈顺序为 EDCBA；ABCD 顺序入栈后，D 出栈，E 入栈，E 出栈，CBA 再顺序出栈，则出栈顺序为 DECBA；A 入栈，A 出栈，B 入栈，B 出栈，C 入栈，C 出栈，D 入栈，D 出栈，E 入栈，E 出栈，则出栈顺序为 ABCDE。只有答案 C 是不可能的出栈顺序。

5-15　D

　　解析： DCFFFH+1-A5000H=38000H=224KB

5-16　A

　　解析： 测试的目标是从需求分析开始，从需求开始时就已经确定了产品的功能。

5-17　D

　　解析： 在软件开发的各个阶段都需考虑软件的可维护性。

5-18　B C

　　解析： 高铁列车属于交通工具的一种；蒸汽火车属于火车的一种。

5-19　B C

　　解析： 交互图由一组对象和它们之间的关系构成，其中包括：需要什么对象，对象相互之间发送什么消息，什么角色启动消息以及消息按什么顺序发送。交互图主要分为顺序图和协作图。

5-20　C

　　解析： 二叉排序树的查找效率取决于二叉排序树的深度，对于结点个数相同的二叉排序树，单枝树的深度最大，故效率最差。

5-21　B D

　　解析： 构造函数（Constructor）是在对象创建或者实例化时候被调用的方法，通常使用该方法来初始化数据成员和所需资源，构造器 Constructor 不能被继承。String 类是 final 类，故不可以继承。判断两个对象值相同用 equals 方法。在 Java 语言中，char 类型占 2 个字节，而且 Java 默认采用 Unicode 编码，一个 Unicode 编码是 16 位，所以一个 Unicode 编码占 2 个字节，Java 中无论汉字还是英文字母都是用 Unicode 编码来表示的。所以，在 Java 中，char 类型变量可以存储一个中文汉字。

5-22　B　D

解析：

字符	十进制	转义字符
"	&#34;	&quot;
&	&#38;	&amp;
<	&#60;	&lt;
>	&#62;	&gt;
不间断空格		

6 月

6-1　B

解析：escape 子句为指定转译字符，因为 '_' 在 like 子句中指的是任意一个字符，所以需要把 '_' 进行转义，转义字符设置为 '\'。

6-2　D

解析：A 不正确，intersect 不会忽略空值。B 不正确，表的顺序改变，不影响结果。C 不正确，列的名字不需要相同，只需要列的数量和数据类型一致就可以。

6-3　A

解析：B 选项不正确，因为表名不加双引号不能以数字开头。C 选项不正确，因为 * 是关键字，表名不加双引号不能包含关键字。D 选项不正确，因为 date 是关键字，列名不加双引号不能包含关键字。

6-4 D

解析：当 Weblogic 配置 Multi-Pool，并且采用 load-balance 时，压力将平均分配到每个 Pool 上面。

6-5 A

解析：因为该序列是 cycle 循环的，到达最大值后从最小值 minvalue 开始循环，该序列因为省略 minvalue，所以默认为 nominvalue，从 1 开始。

6-6 D

解析：开放数据库连接（Open Database Connectivity，ODBC）是微软公司开放服务结构（Windows Open Services Architecture，WOSA）中有关数据库的一个组成部分，只能用在 Windows 操作系统。Weblogic 可以跨操作系统部署，因此不支持依赖操作系统的组件。

6-7 B

解析：A 选项不正确，因为默认输出排序。B 选项正确，因为集合不忽略 null 值，并且在去重时会认为 null 和 null 是相等的，去重。C 选项不正确，因为 select 语句中的列名不必是相同的，但是数据类型是需要匹配的。D 选项不正确，因为列的数量要相同。

6-8 C

解析：该语句没有 select 子句，所以是删除表中所有的行数据。delete 是 DML 语句，在执行的时候，会记录 undo 信息，而且这里没有 commit，所以可以用 rollback 回滚。

6-9 B

解析：在非归档模式下，只能在数据库未打开的情况下做一致性的冷备份，即脱机备份。

6—10　D

解析：Weblogic 可以在非图形化的命令行方式下安装。

6—11　A

解析：概要文件 profile 是操作系统层面的概念，其他 3 个都是 Weblogic 的概念。

6—12　C

解析：number（7，2）代表存入的数据整数部分为 5 位，小数部分为 2 位。

A．1234567.89，由于整数部分超过 5 位，无法插入。

B．123456.78，由于整数部分超过 5 位，无法插入。

6—13　D

解析：distinct 保留字可以去掉结果集中重复的行。

6—14　D

解析：删除主键属于对表的修改操作，因此需要使用 alter table 命令。

6—15　B

解析：在 Oracle 数据库中，主键列不允许为空。唯一性索引列可以为空。

6—16　B

解析：第一个 sql 是等值连接，b 表中只有 2 行能够与 a 表匹配；第二个 sql 是外连接，以 a 表为基准，b 表与 a 表匹配，当 b 中没有能够与 a 表相匹配的行时，以空行匹配，因此查询记录数与 a 表相同；第三个 sql 也是外连接，不过是以 b 表为基准匹配。

6-17 B

解析： instr（'China Tax'，'a'，3，2）代表的含义为从"China Tax"的第 3 个字符开始起，字符'a'第 2 次出现的位置。

6-18 A B C D

解析： 4 个答案清楚地描述了热备份和冷备份的区别和优点。

6-19 B C

解析： truncate 是一个 DDL 语句，同其他所有的 DDL 语句一样，将被隐式提交，不能对 truncate 使用 rollback 命令。同样地，由于 truncate 是 DDL 语句，因此不能触发表上的触发器。

6-20 B C D

解析： Oracle 物理文件包括日志文件、数据文件、控制文件三类，系统文件属于操作系统文件。

6-21 B C D

解析： SGA：System Global Area 是 Oracle Instance 的基本组成部分，在实例启动时分配；系统全局域 SGA 主要由三部分构成：共享池、数据缓冲区、日志缓冲区。

PGA：Process Global Area 是为每个连接到 Oracle Database 的用户进程保留的内存。

6-22

select

sum（case when fsalary>=9999 and fage>=35 then 1 else 0 end），

sum（case when fsalary>=9999 and fage<35 then 1 else 0 end），sum

（case when fsalary<9999 and fage>=35 then 1 else 0 end），

sum（case when fsalary<9999 and fage<35 then 1 else 0 end）

from empinfo

7月

7-1　A

7-2　B

7-3　C

7-4　B

7-5　D

7-6　D

7-7　A

7-8　D

7-9　D

7-10　A

7-11　A B C D E

解析：脏数据（Dirty Read）是指源系统中的数据不在给定的范围内或对于实际业务毫无意义，或是数据格式非法，以及在源系统中存在不规范的编码和含糊的业务逻辑。在数据库技术中，脏数据在临时更新（脏读）中产生。事务 A 更新了某个数据项 X，但是由于某种原因，事务 A 出现了问题，于是要把 A 回滚。但是在回滚之前，另一个事务 B 读取了数据项 X 的值（A 更新后），A 回滚了事务，数据项恢复了原值。事务 B 读取的就是数据项 X 的一个"临时"的值，就是脏数据。

7-12　　A B C

7-13　　A B E

7-14　　A C D

7-15　　A B D

7-16　　A B C

7-17　　A B C D E

7-18　　正确

7-19　　错误

7-20　　错误

7-21

　　税务系统外部的数据源由于数据采集方式、途径、范围、口径等方面的原因，致使它们所提供的一些数据与税务系统掌握的数据可能有所不同；不同部门在交换数据时也可能因为交换技术、交换机制等方面的原因形成错误数据；税务系统内部的信息系统所提供的数据也会因业务部门和技术部门的沟通问题致使对数据填报的关联性、逻辑性考虑不周，从而导致对不同业务环节统一数据描述不一致的问题；税务系统应用程序在数据采集、校验等环节存在设计缺陷，这种缺陷主要体现在缺少必要的数据有效性、一致性、逻辑性等数据质量控制；政策因素也会对历史数据的质量造成很大影响。

7-22

　　大数据分析的应用促使从经验导向决策转为数据导向决策。但两者并不是相对的，数据分析是从数据中发现有用的知识，但它与人工总结经验知识并不矛盾，两者之间是相辅相成的关系。

一方面，数据分析得出的知识可以辅助人工经验，使得决策在有主观经验支撑的同时更具有客观数据支撑；另一方面，人工经验可以为数据分析提供线索，使得数据分析的结果更为合理、对现实的工作更具有指导意义。

8 月

8-1　移动互联网、云计算、大数据、物联网

解析："互联网+"代表着一种新的经济形态，它指的是依托互联网信息技术实现互联网与传统产业的联合，以优化生产要素、更新业务体系、重构商业模式等途径来完成经济转型和升级。"互联网+"计划的目的在于充分发挥互联网的优势，将互联网与传统产业深入融合，以产业升级提升经济生产力，最后实现社会财富的增加。

8-2　C

解析：电子政务与传统政务有很大的区别：第一，从具体操作上看，电子政务通过先进生产力解放管理能力，它可以降低管理成本，提高管理效率。第二，从工作方式上看，电子政务通过虚拟办公、电子邮件交换、远程连线会议，节约大量人力财力。第三，从工作模式上看，电子政务与传统政务相比，工作模式发生了巨大的变化。电子政务利用现代信息技术加强全局管理，精简和优化政务流程，科学决策，并以此推动社会经济的发展。同时实行电子政务更关键的是将带来管理和工作的传统观念的改变。电子政务利用现代信息技术，实现政府的公共事务管理职能，使

政务处理更加集约、快捷。

8-3　C

8-4　社会协作、办税服务、发票服务、信息服务、智能应用

解析:《国务院关于积极推进"互联网+"行动的指导意见》(国发〔2015〕40号)2015年9月正式发布,明确了社会协作、办税服务、发票服务、信息服务、智能应用5大板块和20项重点行动,勾勒出2020年普惠税务、智慧税务蓝图。

8-5　A B C

解析:《"互联网+税务"行动计划》中第三章对优化业务管理、提升技术保障、借助社会力量三个层面分别提出"互联网+税务"的基础保障措施。而D项加强沟通协作为工作推进的措施。

8-6　B

8-7　正确

8-8　A

8-9　D

8-10　B

8-11　A B C D

8-12　A B C

解析:《"互联网+税务"行动计划》中社会协作模块包含互联网+众包互助、互联网+创意空间、互联网+应用广场。

8-13　A B C E

解析:《"互联网+税务"行动计划》中办税服务模块包含互联网+在线受理、互联网+申报纳税、互联网+便捷退税、互联网+自助申领。

8—14　A B C D

解析：《"互联网＋税务"行动计划》中发票服务模块包含互联网＋移动开票、互联网＋电子发票、互联网＋发票查询、互联网＋发票摇奖。

8—15　A C D E

解析：《"互联网＋税务"行动计划》中信息服务模块包含互联网＋监督维权、互联网＋信息公开、互联网＋数据共享、互联网＋信息定制。

8—16　A B C D E

解析：《"互联网＋税务"行动计划》中智能应用模块包含互联网＋智能咨询、互联网＋税务学堂、互联网＋移动办公、互联网＋涉税大数据、互联网＋涉税云服务。

8—17　A B C D

8—18　A B C

8—19　A D

8—20　C

8—21　C

8—22　B

9 月

9—1　B

解析：题目中涉及硬件设备"声卡被新声卡替换"，需要记录，为了便于将来参考，这是配置管理的内容，所以选择 B。

9-2　A

　　解析： 签订服务级别协议的好处就是让客户和提供商对服务的内容达成一致，清楚知道负责的内容，会减少故障发生率和增强可用性，所以只有 A 符合。

9-3　D

　　解析： 以上都对，所以选 D。

9-4　C

　　解析： 题目中提到了确保配置管理数据库被正确更新，所以选 C。

9-5　C

　　解析： 题目中说特定配置项相关的项目信息，这在配置管理数据库中称为属性。

9-6　A

　　解析： 版本号和副本数量是可选项，不是必选项。

9-7　D

　　解析： 配置管理数据库是指这样一种数据库，它包含一个组织的 IT 服务使用的信息系统的组件的所有相关信息以及这些组件之间的关系。

9-8　A

　　解析： 会计核算也称会计反映，是以货币为主要计量尺度，对会计主体的资金运动反映。它主要是指对会计主体已经发生或已经完成的经济活动进行的事后核算，也就是会计工作中记账、算账、报账的总称。合理地组织会计核算形式是做好会计工作的一个重要条件，对于保证会计工作质量，提高会计工作效率，正确、及时地编制会计报表，满足相关会计信息使用者的需求具有重要意义。

9-9 A

  解析：B选项说的是管理工具，C为IT外包，D为服务级别协议，所以采用排除法此题选A。

9-10 A

  解析：B、C、D都是，排除法选A。

9-11 A

  解析：故障的临时解决方案的出现，一般是由于出现新的需求，就会涉及配置、变更和发布，所以此题只有A符合。

9-12 D

  解析：B是错误的，ITIL的特性主要为：①以客户为导向，给客户提供高质量、低成本的IT服务，包括向用户请教并帮助他们使用优质的服务；收集并分析用户的观点和建议；对用户不满意的地方进行跟踪；监控用户对服务的评价；支持内部用户。②提供整体的服务管理，包括确保运营和维护的需求考虑；开发测试计划；确认由于系统的新建或修改给原系统基础架构带来的影响。

9-13 D

  解析：A、B、C都不能满足要求，只有D符合，通过PDCA循环，质量得到保障。

9-14 D

  解析：客户可以与IT组织签订IT服务购买协议。

9-15 正确

解析：运维网站普通用户具备访问各系统的权限，管理员具备账户、模块管理、发布、维护等权限。

9—16 正确

9—17 正确

9—18

实现了各运维系统的统一用户和权限管理，使用人员只需使用一个门户账号就实现了各运维系统的登录。无须逐个运行多个运维系统即可实现各系统间的快速的跳转。提供了丰富的多维度的统一展示平台，所有领导关心的、业务人员关心的、运维人员关心的、想看的数据得到统一的展示，并支持个性化定制。同时，门户还提供内容管理（信息发布、搜索、订阅、交流等）。

9—19

主要有以下内容：

制度建设，含服务目录、工作规程、表格下载。

应用支持，含待办事项、焦点问题、文档管理。

工作部署，含工作动态、补丁下载、会议纪要、培训交流、日常巡检、图片新闻。

服务指南，含培训资料、岗位职责、服务流程、常见问题、使用建议、资料下载。

门户相关服务功能，含统一资源搜索、功能地图、个人信息维护、常用资源。

9—20

一般问题直接通过运维平台网站能够检索知识库解决的直接检索解决，不能通过知识库检索解决的可以走流程系统和国家税务总局 4008112366 技术支持热线。

重大问题通过 4008112366 重大问题通道和网站重大问题模块进行问题的提交。各区县的问题上报各省，各省不能解决的，由各省拥有重大问题账号人员进行上报。

事件处理的进度和结果可以通过 4008112366 热线，根据提示进行人工查询或者通过运维平台网站进行查询。

9–21

信息技术服务（Information Technology Service，IT 服务）是指供方为需方提供如何开发、应用信息技术的服务，以及供方以信息技术为手段提供支持需方业务活动的服务。常见服务形式有信息技术咨询服务、设计与开发服务、信息系统集成服务、数据处理和运营服务及其他信息技术服务。

9–22

ITSS 定义 IT 服务的核心要素，包括人员、过程、技术和资源，并对这些核心要素进行标准化，其核心内容充分借鉴了质量管理原理和过程改进方法的精髓。

ITSS 定义 IT 服务的生命周期包括规划设计、部署实施、服务运营、持续改进和监督管理。ITSS 包含了 IT 服务生命周期各阶段应遵循的标准，涉及咨询设计、集成实施、运行维护及运营服务等众多 IT 服务业务领域。

10 月

10–1　B

解析：综合办公系统可支持的文字处理软件为：MS Office 2003、MS Office 2007、MS Office 2010、个别版本的 WPS 等。

10-2　D

解析：执行文件销毁时系统将删除数据库中关于该文件的所有信息和文件服务器上的物理文件，文件销毁后在系统中将查询不到该文件，并且文件不可恢复。

10-3　B

解析：C：\Program Files\OdpsClient\BAK 目录为系统设定的文件保存目录。

10-4　C D

解析：收文查询组可以查询到所有的收文；发文查询组可以查询到所有的发文；文书岗可以查询到所有文件，但同时会有相应的岗位待办、登记簿和其他权限；开放式文件查询可以查询到所有文件。

10-5　A B C

10-6　A B D

解析：修改用户密码的方法：

①用户登录系统后在配置项中自行修改；

②由管理员登录系统重置密码；

③由省局运维人员在后台数据库 tab1（人员表）中修改 loginpwd 字段值。

10-7　C D

解析：客户端使用 WPS 软件时 Office 类型选择"金山 Office"，Office 文件格式选择"微软格式（.doc）"。

客户端使用 Office 软件时 Office 类型选择"微软 Office"，Office 文件格式选择"微软格式（.doc）"。

10-8 A

解析： TPL 目录下存放的是发文模板文件；NB 目录下存放的是签报、批件的模板文件和物理文件；SW 目录下存放的是全省所有收文的物理文件；ISS 目录，在综合办公系统的文件服务器上没有此目录。

10-9 C

解析： 综合办公系统数据库表空间必须命名为 ODPS，这是由程序设定的。

10-10 A B C D

解析： 综合办公系统服务器包括数据库服务器、应用服务器、文件服务器和 MQ 服务器。

10-11 错误

解析： 更改 MQ 服务器 IP 地址时需修改应用服务配置文件、MQ 程序包配置文件，修改加密机的相关信息，此外还需与国家税务总局联系修改国家税务总局 MQ 服务器上本单位的 IP 地址信息。

10-12 错误

解析： 在系统中，岗位设置包括虚岗和实岗。实岗主要是从行政上划分，区别不同用户行政隶属；虚岗是"组"的概念，"组"是脱离了行政隶属关系而存在的、具有相同权限的部门、个人或实岗，"组"中可以有一个或多个用户，并且不受部门的限制。

10-13 正确

10-14 错误

解析："迁移"仅适用于本单位内部各部门之间的人员调整；跨单位调整人员时，需将该人员个人待办工作中的文件办结，然后在原单位删除该人员信息，在新单位添加该人员信息，并添加到相应的组或岗位中，再同步角色模板。

10—15　错误

解析：管理员账户的角色模板不能同步，如果管理员账户出现问题，需联系省局管理员在后台数据库 tab9（人员配置信息表）中手工添加或修改有问题管理员的访问资源。

10—16　正确

10—17　正确

10—18　错误

解析：机构调整，单位需该改名时只能修改单位名称，不能修改单位别名。由于修改单位名称涉及修改应用服务和文件服务配置文件，需要在后台数据库执行相应的 sql 脚本，所以修改单位名称时需联系省局运维人员进行相关操作。

10—19　正确

10—20　错误

解析：应用服务和文件服务程序包中的配置文件名都是 odpsconfig.xml，配置文件中的信息内容不同，应用服务配置文件中主要描述的是各单位的数据库信息，文件服务配置文件中主要描述的是各单位物理文件的存放信息。

10—21　错误

解析：只有信息采编岗人员才可以拟刊物类型的文件。

10—22　错误

解析：新建人员默认只有全体人员的权限，可根据实际情况，将人员添加到相应的实岗或虚岗中，然后再同步该人员的角色模板，这样该人员就可拥有相应的权限。

11 月

11-1 D

解析：根据《税务工作人员网络安全管理规定》，不得将手机、无线路由器等设备接入税务业务专网。

11-2 D

解析：可以使用安全 U 盘或光盘从外网向内网复制数据。

11-3 B

解析：计算机不设置口令会导致文件泄露等安全隐患，即使是公用计算机也应设置开机口令。

11-4 B

解析：税务工作人员不得泄露纳税人个人隐私和商业秘密、税务内部敏感信息等税务工作秘密。

11-5 B

解析：混用移动介质可能会导致计算机病毒在不同的计算机之间传播。

11-6 B

解析：为防止计算机病毒木马传播，网上下载的文件在打开之前均要使用杀毒软件进行病毒查杀。

11-7 C

解析：不应使用家用计算机处理工作文件。

11-8 D

解析：内网计算机接入互联网，破坏税务机关的网络物理隔离保护措施，为黑客攻击内网敞开了大门。

11-9 A

解析：普通办公计算机终端报废或移交外单位使用时需经信息技术部门进行技术处理，防止信息泄露。

11-10 C

解析：工作人员更换工作岗位，应由信息系统管理员及时更新使用权限，做到最小授权。

11-11 A B C D

解析：上述方式均可传播计算机病毒。

11-12 A B C D E

解析：根据《税务工作秘密管理暂行规定》，上述所有内容都是需要重点保护的信息。

11-13 A B C D

解析：上述所有内容都是税务网络系统环境下个人信息面临的主要安全威胁。

11-14 A B C D

解析：上述现象均属于密码使用不当问题。

11-15 A B C

解析：不点击陌生的网络链接是良好的上网习惯。

11-16 A B D

解析：内网计算机不能因为感染计算机病毒，连上外网进行杀毒清除。应通过光盘或专用移动存储介质安装杀毒软件进行查杀处理。

11-17 A B C D

解析：上述行为都存在泄露税务工作秘密的可能性，应该坚决禁止。

11-18 A B C D

解析：上述内容都是保护个人口令信息的正确做法。

11-19 正确

解析：在信息安全问题和信息安全保障工作中，三分技术，七分管理，人是最关键的风险点。

11-20 正确

解析：信息安全是国家安全的重要组成元素。

11-21 错误

解析：信息安全，人人有责。政府信息系统的信息安全和保密工作依靠全体工作人员的努力。

11-22 错误

解析：禁止移动存储介质未经处理在内外网之间交叉使用。

12 月

12-1 C

解析：仅仅连接单位无线网络不会传播计算机病毒。

12-2 A

解析：内网计算机同样面临感染计算机病毒、违规外联等安全威胁。

12-3　C

解析：只有使用隔离卡，才可以达到内外网隔离的效果。

12-4　B

解析：密码正确的使用方式包含定期更换密码。

12-5　C

解析：对于陌生或者外来的文件，在打开前必须进行杀毒扫描。

12-6　D

解析：对于陌生的网络链接，不要随意点击。

12-7　D

解析：桌面安全管理软件主要监控计算机安全状态。

12-8　D

解析：内网机也不得安装、开启无线网络设备。

12-9　D

解析：非专用移动存储介质不准存储工作秘密文件。

12-10　B

解析：不开启防病毒软件实施扫描功能就无法马上发现和清除计算机内的病毒。

12-11　A B D

解析：只有在使用隔离卡的情况下才可以保证安全的切换连接内外网。

12-12　A B D

解析：对陌生、外来的文件打开前先进行杀毒扫描，其余选项都是错误的操作。

12-13　A B C

　　解析：病毒、蠕虫和木马等恶意软件不会导致计算机硬件损坏。

12-14　A B D

　　解析：C 不是可取的备份方式。

12-15　A B C D

　　解析：上述所有选项都是正确的操作方式，可以保护笔记本电脑中的数据安全。

12-16　正确

　　解析：上述内容是对税务系统计算机安装安全防护软件的要求。

12-17　正确

　　解析：配发计算机实行分类管理。

12-18　正确

　　解析：离开工作岗位时，必须锁定屏幕并使用密码保护。

12-19　错误

　　解析：不得使用内网计算机违规外联访问互联网。

12-20　错误

　　解析：为保证机关网络的安全性和可用性，办公外网不可以随意私自接入无线设备。

12-21　错误

　　解析：不得禁用杀毒软件的监控功能。

12-22　错误

　　解析：需及时更新杀毒软件。